BLACK SWAN | 黑天鹅图书

为 人 生 提 供 领 跑 世 界 的 力 量

BLACK SWAN

催眠誓词

我________

谨以至诚，郑重宣誓：

认真学习催眠，助人助己，

绝对不用来从事不道德与犯罪行为，

永远以求助者的益处为第一考虑。

廖阅鹏 ——著

神奇的催眠术

Altered state
of consciousness

中国友谊出版公司

自 序

催眠很简单。

你天生就是催眠师，进入催眠状态是人类的天生本能，只要明白这一点，你就会发现自我催眠很简单，帮人催眠也很简单。

从不会到会，只需要打开一个小小的开关。

这本书就是帮你打开这个小开关，然后你就会了。

接下来，请你一边阅读，一边感受催眠的力量。

万物同源，众生一体。这是每个人内心都能感知的奥秘。当你阅读到这里，这份感知将会上浮，逐渐浮现到意识层面来。

现在，一边阅读，一边放松你的身体，也同时放松你的心。

你的心有一种神奇的能力，可以觉知你想觉知的事物，也可以觉知你正在觉知。

这份觉知，是万物同源的源，是众生一体的体。

允许自己，让你每看一个字，就更放松；每看完一段，又更放松两倍。

眼睛放松。头部放松。

下巴放松。肩膀放松。

脊椎也一节一节放松。

从颈椎一节一节放松到胸椎、腰椎、尾椎，自动微调到最佳状态。

你的心可大可小。大的时候，跟宇宙一样大；小的时候，比一粒沙还小。

当你喜悦，当你忘我，你的心就膨胀变大了。

当你的自我作怪，你的心就紧缩变小了。

大有大的好，小有小的妙，人世间的一切，都在帮助你体验更多的精彩和丰富。

手臂、手掌、手指都放松。

胸腔放松。腹腔放松。

大腿放松。小腿放松。

脚掌、脚趾也放松。

读到这里你又比刚刚放松两倍，甚至三倍、四倍、五倍了。

你的身心都具有自我修复的能力。

无论多么严重的身心疾病，只要没有超过某个界限，都是能够复原的。

如果超过了那个界限，你也不必执着于修复，而要领悟更高的真理，有生必有死，死亡是生命的新起点，而不是终点。

现在你的身体完全放松了，把注意力转移到你的心。

让你的心无所执着，让你的心接纳当下的一切。

无论当下的一切是什么，你完全接纳。

完全接纳，就是完全放松。

你不再批判自己，不再批判别人。

让你的心松松柔柔，让你的心上善若水。

你知道我说的不批判的真正意思。

文字很苍白，很容易令人误解，但是此刻你会明白我所谓的不批判是什么意思。

不批判就是容许事物以它应有的样貌展现，该怎么样就怎么样。

你也容许自己，该怎么样就怎么样。

该哭就哭，该笑就笑；该活动就活动，该休息就休息。

现在迅速扫描一下你的身体，让身体更加放松。偶尔紧绷一下是正常的，但你要能觉察并立即调整、放松。

从此时此刻起，觉知你正在觉知，你就成为不一样的人。你放下屠刀，立地成佛，当下就成为更好的自己。

你以觉知之心面对一切。

你的健康越来越好。

你的金钱能量越来越畅通。

你的人缘、亲密关系越来越好。

你是一个幸运者，你的运势越来越好。

你不用控制什么，放下控制，事情却按照你的美好意愿发生。

完全放松你的身体，完全放松你的心。

该做什么就去做。

无牵无挂。

觉知你正在觉知。

走路的时候，好好走路，觉知你正在走路。

走路不看手机、不滑手机，觉知你的走路，享受你的走路。把这句话读进心里，会救你一命。

觉知你正在阅读这些文字，觉知会让你成为一个清醒者，不受人惑，不被人欺，让你散发觉知的光，照亮你的人生。

觉知即智慧。

看见真相即解脱。

现在，身心都放松。

身体完全放松，病就远离了。

心完全放松，烦恼就消失了。

觉知你正在觉知这一切。

现在感受一下，阅读到这里，你的身心是否更放松、更舒服、更有能量了？

如果有，恭喜你，催眠就是这么简单。

你好，我是廖阅鹏，欢迎你进入觉知的催眠天地，与你的真我重逢。

* 本书作者从事催眠教学，带领觉知修炼小组，读者可以通过新浪微博联系。（@廖阅鹏）

目 录

C o n t e n t s

催眠很简单

你最想知道的关于催眠的疑问

催眠很简单

催眠很简单

“催眠很简单！”这是在课程中，儒雅风趣的廖老师多次提到的一句话，不但让我们很快进入课程中，而且也增加了我们运用催眠的自信和勇气，让我们生平第一次体验了催眠的神奇之处，让我们的身体跟随着指令摇摆，能把同学催成一块钢板，也可以搞场催眠秀。催眠真的很简单，通过廖老师高超的引导暗示，我们短短几天就学会了催眠。催眠真的很简单，简单到像我这样没有心理学知识基础的人都能学会，并揭开了催眠神秘的面纱。“天地不仁，以万物为刍狗”“至人之用心若镜”“本来无一物，何处惹尘埃”，在整个课程中随时感受到廖老师的灵性洗礼，让我感悟到“大道至简”的催眠心法。

——北京学员　玫瑰在远方

自从融会贯通了催眠之后，我的口头禅就是：“催眠很简单！”

当我教授催眠时，也会反复提醒学员：“催眠很简单！”

为什么我会这样说？

这并非开悟者的风凉话——禅门语录里，禅师经常说一些凡夫俗子所认为的风凉话。例如，僧问：“请问修行的最高心法是什么？”禅师说：“我若直接告诉你，恐怕你也是不信。”僧说：“请师父指示，我必信受奉行。”禅师说：“最高心法就是，你就是佛，莫外觅！”僧说：“谢谢，再见！”心里的对白则是：“谢谢你的风凉话啊！”——而是非常明白的事实，只要我一说，学员就会明白的。

心智正常的人，每天都多次进出平常意识状态与催眠状态，只是你没有认知出来，原来这样已经是催眠了。

例如说，你正在思考着事情，很可能几分钟之后，一段音乐响起，这段旋律引诱你走神了，心神飞驰至童年一段快乐的记忆中，徜徉于那无忧无虑的岁月，直到几分钟之后有人呼唤你，你的心神才返回现实，继续做你原本做的事情。这短短几分钟，你已经完成了一次从平常意识状态自发地滑入催眠状态，又回到平常意识状态的旅程了。

事实上，从催眠的角度来看，当我们全神贯注地回忆过去的事情，心中升起了故事、情节，有了感觉、情绪，那就是一种催眠状态了。

再举例说，许多人有午睡的习惯，午睡短短的过程中，会出现准备午睡、将睡未睡、睡着了、将醒未醒、醒来了这五个阶段，其中的将睡未睡、将醒未醒这两个阶段，其实就是生活里自发的催眠状态。一旦你认知出来了，你就可以运用这种自然出现的催眠状态了。

再举个例子，夏至之后，当蝉声响起，夏日炎炎正好眠，教室里的学生往往会一边听着老师讲课，一边轻轻点着头，眼神迷离，似小憩，似打盹，似神游物外。这时候，这个学生不是平常清醒状态，也不是睡着了，而是一种非睡非醒的催眠状态。

如果当老师的人常常发现台下的学生出现这种状态，那么不必怀疑，相信我，你肯定也是天生的催眠师。

再举一个例子。

催眠秀当中，人们津津乐道的是被催眠的来宾进入了幻觉，信以为真的好笑模样。但是在实际生活里，很多人都曾经有过找不到车钥匙的负性幻觉，怎么找都找不到，直到你放弃了，干脆不出门啦，还打电话取消约会了……这时候，你突然发现，车钥匙就放在眼前，怎么刚刚看过无数次了还视而不见呢？这就是一种动机性负性幻觉，潜意识用找不到车钥匙的手段，帮你拒绝了一次约会啊！

这是一种常见的催眠状态，人们经常把自己催眠了，达成了意识层面没有觉察到的潜意识意愿。

以上说明了，正常人每天都多次进出催眠状态，连刻意引导都不用，可见“催眠很简单”。

催眠简史

历史上，第一个发明催眠术的人是谁，已经不可考了，但是从很多蛛丝马迹中，我们可以推论得知，在催眠术还没有经过现代化的学术研究之前，古人就已经开始运用了，而且成果斐然。

19 世纪在希腊出土了一些被称为“许愿碑”的石碑，就有公元前 400 年使用催眠术的记载，包括治疗方法、对于神赐此法的感谢词，那时没有催眠术之名，把这种以暗示为主的治疗视为神恩。

生于公元前 520 年左右的巴曼尼德斯（Parmenides）写过一首诗歌，描述女神接引他进入冥界，接受教导，详细描述世界的实相，并指出世界只是个幻象。巴曼尼德斯是一位“先知医治师”（Latromantis），是转换意识状态的能手，是孵梦的专家。那时候有一个秘密传承认为：“人不向下走就无法向上走，没有经过地狱就到不了天堂，不经过死亡就无法重生。”

从这个观点看，催眠治疗正是走入冥界再返回人间，获得再生力量的旅程。

古代的埃及祭司相信当人处于出神状态（Trance，或译为恍惚状态）时，疾病就容易痊愈，因为有利于神的力量进入人体，驱逐邪恶的力量。

中南美洲的土著懂得利用药草、歌咏、围绕篝火跳舞，集体进入出神状态，然后祈请神谕、消灾、治病，这也与催眠术相通。

中国民间流传一种“观落阴”的法术，可以引导阳间的人进入阴间探访逝去的亲人，法师会焚香、摇铃、念咒，引导参与者进入出神状态，也会用语言引导，参与者对于阴间应有的景观事先有所认知，这其实也是一种变相的催眠术。

台湾地区的民间信仰里，有许多乩童作法的活动，当乩童进入恍惚状态后，可以忽视身上的伤痛，传达神明的旨意，指引信徒迷津。乩童都是善于转换意识状态的人，我曾经找乩童来催眠过，可以说，他们是催眠敏感度高的族群。

催眠术的科学研究始于 18 世纪后半期的维也纳医师梅斯梅尔（Mesmer，1734—1815），他在 1766 年发表的博士论文《行星对于人体之影响》中认为行星可借由一种看不见的微妙流体的传导而影响人类的健康。1775 年，他修正自己的理论，提出“动物磁力说”（Animal Magnetism），认为人体内有一种动物磁力，此磁流分布不适当就会产生疾病。治疗者通过手部接触，使磁流流入受治疗者的体内，调整磁流，从而治疗疾病。这套程序被称为“梅斯梅尔催眠术”（Mesmerism）。

依据这个理论，他在诊所内设置了类似降灵会的治疗过程，几个受治疗者在昏暗的室内，围坐于一个放满铁粉或溶液的大木桶四周。木桶的桶盖上插有许多铁棒，受治疗者手握铁棒或使铁棒接触患部，静静等待。不久，屋里响起缓慢动听的音乐，梅斯梅尔身着丝袍，手持铁杖出现，来回穿梭于受治疗者间，以手或铁杖接触患者的身体。于是，受治疗者开始出现各种不同的反应。通过这种方式，病人的治愈率非常高。他在法国巴黎以此法治病而名噪一时，连当时的法国王后玛丽都热衷于此。

1784 年，路易十六任命一个由科学家与医生组成的委员会，负责调查梅斯梅尔治疗法的真相。委员会的报告否定了梅斯梅尔的“动物磁力说”，将他的治愈案例归因于受治疗者的想象，即自我暗示的效果。梅斯梅尔的声名自此一落千丈。虽然他从未意识到自己是以催眠术治疗疾病，但他确实在催眠术史上具有先驱者的重要地位。

同样在1784年，梅斯梅尔的徒弟皮杰格（Mde Puysegur，1751—1825）曾使用“动物磁力说”为一位23岁的农夫治病。进而观察到受治疗者进入一种类似睡眠的状态，在此状态下，受治疗者只能听到治疗者的话，而听不到别人的言语，对治疗者的指令言听计从。清醒之后，受治疗者却不记得这个过程中发生的事情。皮杰格称这种状态为“人工梦游状态”，认为进入这种状态的人，自然有特别的治疗疾病的能力。

到了19世纪初叶，对催眠术的探讨超越梅斯梅尔催眠术而进入以暗示为主的心理学理论范畴。

1837年前后，英国外科医生伊利奥特森（Elliotson）将催眠术用在手术麻醉上，并发现催眠对某些精神症状如歇斯底里的治疗有重大成效。

1843年，英国外科医生詹姆斯·布雷德（James Braid，1795—1860）发表《神经催眠学》（*Neury-puology*）一书，阐明催眠并非由施术者流入受术者的某种动物磁力或神秘物质所致，而是受术者主观心理的影响效果。布雷德消除了包围着催眠的神秘气氛，并借由睡眠（Hypnos）创造了催眠术（Hypnotism）与催眠（Hypnosis）等术语。

布雷德用生理学观点将催眠解释为一种类睡眠状态，由于眼睛凝视一个光亮的、无生命的物体，如怀表之类的，精神高度集中，造成疲劳，而引发催眠。他又将语言暗示用于消除外科手术的痛觉，发现催眠是凝视法与语言暗示所造成的现象。布雷德可谓运用严谨实验研究催眠的第一人。

1847年，詹姆斯·伊士戴尔（James Esdaile）在印度以催眠为唯一的麻醉手段，进行了1000多次手术。

1880年开始，发生在法国的一场论争使得催眠术被科学界广为关注。

法国南锡（Nancy）地区的一位医生利埃博（Lie' beault Ambroise-Auguste），将催眠广泛应用于生理与心理性疾病的治疗与实验中。他的研究受到南锡医学院教授伯尔尼海姆（Bernheim Hippolyte）的支持，他们各自发表论文，主张催眠现象并不涉及体力与生理作用，而是由暗示引起的一种心理上的刺激与反应组合。

巴黎大学的神经学专家夏尔科（Charcot Jean-Martin）则持不同意见，他认为催眠是类似歇斯底里的病理现象，是一种引导出来的状态，在这种状态中，歇斯底里病患会出现类癫痫的现象。

在这次论争中，利埃博等人证实催眠是每一个人都可能产生的自然心理过程，暗示论取得胜利。

至此，催眠被认为是暗示所造成的现象。

约于此时，弗洛伊德（Freud Sigmund，1856—1939）造访法国，以催眠术治疗精神疾病的潜在效能对他产生了重要影响。在他与布鲁尔（Breuer ）合著的《歇斯底里的研究》一书中，认为歇斯底里症状是由当事人压抑受创伤的经验所致。如果在催眠中将被压抑的情绪释放到正常意识里，症状便可减轻或消除。弗洛伊德回到维也纳后，便利用催眠术协助精神官能症患者回忆起业已遗忘的、令人不安的事件。

在发展自己的精神分析法时，碍于施行催眠术时所遭遇的困难，如无法催眠每一位患者，不能随心所欲地催眠患者至理想的催眠深度，医患关系的问题，1926 年后，弗洛伊德逐渐放弃了催眠术，而代之以自由联想。但在自由联想这个方法中，依稀带有催眠的影子。

精神分析师与医师们对催眠的关切逐渐淡漠，但法国的雅内（Pierre Janet）与美国的普林斯（Prince Morton）仍提出，“心理活动分离”在多重人格精神异常和催眠现象中是常见的。雅内认为即使在催眠中，受术者也绝不会做出违反自身意志的行为，而驳斥催眠不道德的论调。

美国实验心理学家赫尔（Clark L. Hull，1884—1952），在 1933 年提出催眠是人类本质的自然反应，是一种具有高度暗示感受性的精神状态，最重要的因素是受术者的想象力。

第一次世界大战和第二次世界大战时，催眠术被运用于治疗在战争中受创的伤员与精神官能症病患。

1946 年，英国催眠医师学会（The British Society of Medical Hypnotists）成立。

1949 年，临床实验催眠学会（The Society for Clinical and Experimental Hypnosis）在纽约成立。

1957 年，美国临床催眠学会（The American Society of Clinical Hypnotists）成立。

1998 年，美国催眠治疗师学会（American Association of Hypnotherapists）成立。

今日，世界催眠组织已经统合了催眠师应有的准则与操作策略，催眠广泛应用于牙医、一般医学、心理治疗等领域以及许多催眠爱好者的日常生活。

最后，从我的角度来看，催眠不只是一门技术而已，催眠有其深度，有其高度，有其广泛的应用价值。催眠师本人对宇宙人生的体验，有多少深度、高度与广度，就能将催眠挥洒至相应的境界——有一天，当你放眼望去，处处皆是催眠，那么，催眠就与道相合了。

主要参考文献

1. 美国大英百科全书公司联合编辑 . 简明大英百科全书（中文版）. 台北：台湾中华书局，1988.

2. 刘焜辉 . 催眠治疗理论与实施 . 台北：天马文化事业有限公司，1999.

3.《心理学百科全书》编辑委员会主编 . 心理学百科全书 . 杭州：浙江教育出版社，1996.

4. 彼得 · 金斯利 . 在智慧的暗处 . 梁永安译 . 台北：立绪文化事业有限公司，2003.

如何给催眠下定义

正如苏东坡的名句“横看成岭侧成峰，远近高低各不同”所说，催眠有许多种面向。一般人多半对催眠只有一点片面的认识，可能会以为催眠是一个离我们的生活很远的冷门玩意儿。而我看待催眠时，心里有一张多层次的立体地图，所以生活中处处都可以见到催眠的踪影。

只要改变观点，就可以看见不同的风景，因此，我们可以说，催眠有无数种的定义。

我最常给的一个定义是：当我们通过连续、反复的刺激，引导当事人进入一种高度可被暗示的意识状态，这个过程就称为催眠。

也可从意识状态来描述。

“当人进入一种身体放松、内心宁静的状态，而且意识清晰，甚至比平常更清晰，我们把这个过程称为催眠，这种状态称为催眠状态。”

而且，往往我还会多加一个形容词，说这是“好质量的催眠状态”。

这种好质量的催眠状态，最适合催眠治疗之用，也是我们在自我催眠时很容易体验到的，从中得到好处的，值得我们特别留意。

任何心智正常的人，只要经过一个小时的训练，都会有能力在 3 分钟内自我催眠，让自己进入这种好质量的催眠状态。

从知觉的范围来说，也可以这样定义：催眠是一种知觉窄化聚焦的状态。

例如，观众在看电视广告时，往往非常投入，以至于听不见旁边有人呼唤他。这时，他的知觉范围窄化到只注意到广告，广告之外的信息就忽略掉了，这是常见的“广告催眠”现象。

例如，足球选手专心致志于那颗飞向他的圆球，这时候，他的知觉窄化到将观众的呼喊声置之度外，他的注意力聚焦于球的运动轨迹而没有任何杂念，这也是一种常见的知觉窄化的催眠状态。

也可以从意识的清醒程度来谈。

有些人在深度催眠状态下，会出现类似睡眠的那种对于当下环境刺激没有反应的现象。然而，大部分的催眠状态其实是清醒的，甚至比平常还更清醒，可以具有比平常更深邃的智慧与洞察力。

所以，这时我会说："催眠状态其实是清醒状态，甚至是超级清醒状态。"

在"催眠中的超意识现象"这一节里，我也就提到了，"经常地，在我临床催眠时，个案进入'良心显现'的状态，得以对自己无情地检讨，开始在自己身上找问题，而不再总是把批判的箭头射向别人"。"另外一种常见的情形，是在催眠状态下，接通了更高的智慧，而获得新的领悟、新的体验，对事情有了更加深刻的洞见。"

从临床经验中，我发现，催眠之后，个案往往能够直觉式领悟梦境的意义，领悟平常抓不到方向的隐喻与象征，领悟生活中应机而生的征兆。

所以，也可以说，催眠是通往超意识的交通工具。

从应用上，我喜欢说，催眠状态，其实是最好的学习与改变的意识状态。

目前坊间有越来越多的学习、记忆的课程，虽然这些课程没有明讲，但是它们一定大量运用了催眠的观念与技巧。

在催眠状态下，人们的心思就像泥沙沉淀后的清水，这时，因为心思透明清澈，得以充分发挥理解力、记忆力、创造力，轻松不费力地调动灵感。

有的时候，人们甚至会进入某种特别的高等心智状态，产生惊人的功效。例如，我曾经收到一位网友的来信，信中叙述他自我催眠后，常常会进入一种心如明镜、过目不忘的状态，在这种仿佛超导体般轻盈、迅捷的心智运作模式下，只需不到 1/3 的时间就学习完毕，而且学习成果稳固持久。

所以当老师的人，如果在上课一开始，先巧妙地给学生做个身体放松、心灵清晰而专注的催眠，那么就能保证学习效果倍增。

人的意识状态就像电视频道一样，有很多频道，可以随着意愿转移到不同的频道，所以，有时我会说："催眠是一门控制转化意识状态的艺术。"

也可以从潜意识的角度来描述。

"催眠就是在意识与潜意识之间搭起一道桥梁，使人可以在意识清醒的状态下，直接与潜意识沟通。"

有时候我甚至会进一步说，催眠，就是与内在的最高负责人打交道。

往往在催眠教学的过程中，随着谈论的范围改变，我会即兴给一个新的催眠定义，也许一堂课下来会给出一二十种定义。

我自己最喜欢的定义，则是从"觉醒"的角度来谈。

"催眠，就是引导人进入专注、觉知的状态，调动潜意识大智慧，进行内在探索、身心治疗……"

"催眠，就是一个活在当下的催眠师，引导另外一个人活在当下，然后一起来完成预定目标。"

后来，我提出"廖氏内在觉知七种催眠深度理论"之后，更直接将保持觉知定义为第一种好质量的催眠深度。

现在，换你也来给催眠下个定义吧！

催眠是什么

经过这些年来的学习、思考、体验、操作、教学、著述，"催眠"这门学问有些融会贯通了。

我能讲解催眠，告诉学员什么是催眠；也能示范催眠，让学员看到各种催眠手法与催眠现象；也引导了不少学员成为催眠治疗师、催眠导师，他们也开始用催眠改善人们的身心健康，教导人们学习催眠。

传统的催眠师，有的不懂心理学，有的不懂灵修，有的不懂能量，而我很幸运，这些都是我感兴趣的，而且我特别喜欢研读前沿的科学新知，天文学、物理学、量子力学都是我深感兴趣的。

我找到了一根无形的丝线，可以将这些珍珠、宝石都串联起来，成为一条美丽的项链。

这能串联一切的神奇宝贝就是“觉知”。

你有一种本来具有的觉知能力，这觉知来自你的本心本性，当你一念之间回到觉知的原点，你就与内在觉性联结，通往大智能、大能量库的大门瞬间开启。

可是红尘毕竟是红尘，你会经常陷入认同、想象、妄念，失去了觉知。这时，你就需要提醒，无论是来自自己的提醒，还是外来的提醒，只要一个提醒，你就能再度回到觉知的原点，以清明之心面对世界。

人的神奇之处在于，千年暗室，一灯能破！只要你一念觉知，就能立刻回到当下，立刻离开昏睡，成为清醒的人。

当觉知与催眠相遇了，催眠于是有了灵性深度，扩大了应用广度。

就像是在真理大海边捡贝壳的小孩，行行重行行，我总算拾获了一枚形状完整、色彩艳丽的贝壳，足堪自怡悦了，虽然大海中还深藏了无尽的宝藏。

当你闻过了玫瑰花的香气，你的心明白，但是无法用言语形容，来让别人感受玫瑰花香，除非别人也亲自去好好闻闻。言语是线性的描述工具，而在我心里面，“催眠”是一枚立体多边的彩贝，现在要以文字来叙述催眠是什么，确实有“无物堪比伦，叫我如何说”的感慨。

我会努力尝试从不同的角度来描述什么是催眠，更希望读者能够亲自去体验催眠。有了知识，又有了体验，两者加在一起才会构成真正的了解。

“催眠”不是精确的术语

打从现代催眠学一开始，“催眠”一词就不是一个精确的术语。

19 世纪，被视为“现代催眠学之父”的布雷德借由 Hypnos（希腊神话里的睡眠之神）创造了催眠（Hypnosis）、催眠术（Hypnotism）等术语，他当时的见解是“催眠是一种神经疲劳而引起的睡眠状态”。

“Hypnosis”这个词只描述了催眠的局部现象，而非全部，而且容易误导人们以为“催眠＝睡眠”。

过了几年，他对催眠状态有更深的理解之后，晓得催眠与睡眠其实是不同的，想要另创术语时，“Hypnosis”一词已经大为流行，覆水难收了。

在汉语里，“催眠”这一术语最早是日本的学者所翻译的，然后传入中国，一路沿用下来。

平心而论，把 Hypnosis 译成“催眠”，算是神来之笔啊！

只是顾名思义，“催眠”者催人入眠也！这岂不是又一个误导大众的名词？

就这样，一百年来，“催眠”一词也成了汉语文化圈的习惯用语了。

英语世界里，人们提出很多术语想来取代 Hypnosis；日本学者也做了很多努力，想要用别的名词来代替“催眠”；华人催眠师、学者也经常自创新词，希望能达到正名效果。

无论是英文的“Hypnosis”还是中文的“催眠”，都不是最精确的词语，却成了普遍流行的术语，这似乎也暗示了“催眠”这门学问总是披着一层朦胧的面纱，暗示了人类对于神秘的心灵世界一种渴望看清楚但又看不明、说不清、掌握不了的困窘。

在我眼中，催眠其实是直接与潜意识沟通的艺术，一门研究如何帮助人进入改变意识状态，然后进行内在运作的学问。

改变意识状态（Altered State of Consciousness），或译成“变动意识状态”“转化意识状态”，简称 ASC，是相对于平常生活里的普通意识状态而言的。当我们通过某些方法，如静坐、服用某些药物、遇到某些意外、受到特殊的声光刺激，使得我们的意识状态开始改变，如膨胀、扩大，或转化成另外一种意识状态，我们的认知模式、情感状态、与内在源泉的联结程度也跟着改变了，在这种状态下，我们会对自己、对世界有很不一样的知觉。

在日常生活里，其实我们常常会有意无意就滑入ASC，又转回平常意识状态，只是大多数人没有觉察到而已。

由于ASC是非常重要的人类心智活动的领域，在本书稍后章节我会更深入介绍。

催眠是通往潜意识的神奇大门

催眠是一种非常有效的治疗技术，许多因别的治疗方法效果不佳的个案，一旦改用催眠治疗，往往能迅速揪出真正的病因，大幅缩短治疗时间。其主要原因是催眠能够直接打开横亘在意识与潜意识之间那扇封锁的门，直接进入潜意识的黑盒子搜索深层的创伤、压抑、欲望及久远的记忆，直接曝光意识想隐藏、伪装的事情，直接与潜意识对话，直接给潜意识输入新的指令。

潜意识之所以名为“潜”意识，就是因为想不起来了，如果还能想起来，都还在意识的范围内。心理学中有个大家常常在生活中体验到的“舌尖现象”（tip of the tongue phenomenon），例如你明明认识对方，知道他的名字，而且几乎呼之欲出，仿佛他的名字已经来到舌头上了，可就是说不出来。而且往往你越用力想，越想不起来，等到你认了，不管了，却发现没过多久你突然想起来了：哎呀，对方原来叫某某某，怎么我记性这么差！

有时候参加考试，明明你知道答案是什么，可是一时之间怎么都想不起来了，怎么办呢？

不要用力去想，反而你越轻松，答案就越会自动浮现。

你只要做个深呼吸，在内心跟自己说：“这个很简单，等一下就会自动想起来了！”这样，你就给潜意识下了一个指令，潜意识会自动执行任务。然后你停止钻牛角尖，先去做别的题目，保证你做着做着，会忽然记忆显现，潜意识自动帮你把答案提取出来了。

有些记忆，就真的被岁月沉淀到非常深的底层，例如，很少有人能够记得自己的出生过程，记得幼儿园老师的名字，记得自己3岁生日那一天是怎么过的。这些被沉淀到底层潜意识的记忆，有些是中性的，没有重要影响；有些则是不得不被压抑下去的，否则就是锥心之痛，是无法令人视若无睹的。

这种压抑，可以说是未来心理问题的根源，虽然暂时让问题消声，却不代表问题解决了，它会在黑暗中慢慢形成一颗炸弹，在未来某个时空点，被某些刺激轰的一声引爆。

如果一个人在成长过程中，对于来袭的痛苦，永远以觉知之心来面对，他将是一个身心健康的人。然而没有人能做到这一点，因为每个人都是从毫无武装的婴儿开始人生的旅程的，有一段非常漫长的时间，我们都被“巨大”的成人操控、影响、教育，无条件地接收成人给我们的一切信息，包括爱心、呵护、温柔的对待，也包括粗鲁的对待、负面情绪、责骂、体罚、偏执的信念。直到有一天，当我们忽然意识到：啊！我已经长大了……你的潜意识里不知道已经容纳了多少乌烟瘴气。

只要你想想看，即便是西方人的婴儿，如果交给一对中国夫妇养育，他将会很自然地说一口地道的汉语，你就会明白婴儿从父母身上接收了多少东西。

提到潜意识，一定要提到精神分析学派祖师弗洛伊德。

弗洛伊德发现心理失调的人，所表现出来的各种怪异行为，是由自己无法控制的潜意识力量造成的。

有一次，一位年轻女人来找弗洛伊德，她有只手臂麻痹，无法做家务，也很痛苦。

弗洛伊德检查过她的手后，发现神经、肌肉都一切正常，既然生理没问题，那一定是心理出问题了，于是弗洛伊德推断她的潜意识渴望自己生病。

原来她是独生女，父亲丧偶又残废，在当时的社会风气下，她必须照顾父亲。

然而，有人向她求婚，她无法答应，也无法解决她的冲突，最后就断绝了来往。

就在她结束这段关系后，手臂就麻痹了。

弗洛伊德认为她陷在进退两难的局面里，她希望有情感的归宿，但又必须照顾父亲，这两者无法并存，产生了冲突。然而她也厌恶照顾父亲，这种负面情绪是她无法接受的，只好把它压抑下去。直到与男人的关系结束后，这种压抑转换成手臂麻痹，如此一来，她自己也成了残废，那就有理由不必照顾父亲了。

从这里可以看出，压抑，表面上解决了一个问题，实际上相对制造了更大的问题，而且因为不能正大光明地面对问题，整个人格遭到扭曲，问题反而更加严重。

“压抑”（repression）一词乃是弗洛伊德首创的，是指一种将所有不愉快或难以面对的情绪转移到潜意识里，以便拥有“正常无痛苦的人生”的心灵运作模式。

弗洛伊德认为，当一个人的自我不够健全时，他的人格就会被潜意识控制，而做出许多非理性、互相矛盾的事情。例如，有些人老是走霉运，总是忘记重要的约会，常常发生意外事故，把该保密的事说漏了嘴；更严重的，就被诊断为精神官能症、精神病了。

然而潜意识并不是恶魔，潜意识其实是意识的亲密合作伙伴，是维持有机体运作的中枢，对很多人而言，潜意识更是灵感、直觉、创造力的来源。

学习潜意识的知识，可以帮助我们对自己有更多的了解，也可以帮助我们活得更好。

关于潜意识的基本知识，等一下我会给予更多的介绍。在此，我可以替催眠先下个定义，催眠就是在意识与潜意识之间架起一道桥梁，使人整合意识与潜意识，达成融洽无间的合作关系。

在催眠治疗时，我时常将个案引导进入催眠状态后，直接对潜意识下指令说：“好，现在当我从 1 数到 10 的时候，你就会回到问题发生的当时，然后告诉我发生了什么事情。”

我发现潜意识对于解决问题其实是充满了兴趣的，只要给了潜意识一个明确的指令，潜意识会用各种方式来帮助人达成。

19 世纪中叶，维也纳的医师约瑟夫 · 布鲁尔（Josef Breuer）治疗过一个罹患恐水症的女病人，她的症状是无法喝水，虽然她可以把杯子端到嘴巴旁边，却怎么样也无法把杯子里的水喝进口中，那真是一幅非常诡异的画面。结果，连续六个星期，她没有喝到一滴水，唯有仰赖吃水果来补充水分。

布鲁尔成功地诱导她进入催眠状态，于是，她回忆起病症的根源。

原来她曾经到一位英国女人的家里拜访，见到一条狗正在喝玻璃杯里的水。她觉得非常恶心，但为了保持礼貌，她什么也没说。

回家之后，她就开始无法喝水，也忘记了这事情。

等她说出这段遗忘的记忆之后，从催眠中回到平常的意识状态，无法喝水的症状就消除了。

这是一个很好的案例，让我们知道：一、追溯到事情发生的源头，症状就会消失。二、借由唤起已经被遗忘的不愉快事件，可以消除症状。

很多时候，我们忘记了问题的根源，却深深陷溺在症状的旋涡中，这时候，只要能以催眠让遗忘的记忆重见天日，问题就会开始好转。

近年来，国内开始有越来越多的人学习家族治疗，这个学派十分强调治疗“内在小孩”。童年的痛苦如果没有解决，日后会引发很多症状，包括缺乏信心、罪恶感、自贬、自我伤害、忧郁等，在行为上，不是再度伤害自己，就是伤害别人。

在我的临床经验中，催眠是非常好的通往“内在小孩”的管道。让个案在催眠状态下回到童年，重新体验痛苦的记忆，将不愉快的情绪释放掉，然后以超越的观点、成长的观点来看待这些经验，个案就可以改写人生剧本，成为一个更为成熟健康的人。

过去发生的事情是不可能改变了，但是如何看待过去是可以改变的。一旦改变了看事情的观点，整个人就跟着改变了。

有时候，我会让个案在催眠中来到他心目中最美丽的乐园或仙境，让长大的他与“内在小孩”一起携手漫步，一边交谈，一边分享成长的心情，让“内在小孩”感受到有人关心他、爱他。

这样的治疗方式，常常可以达到神奇的效果。

事实上，催眠治疗有个先天的好处是，在催眠治疗过程中，当事人处于一种放松、舒适的状态下，他的心理防卫会自然降低，平常有所顾忌的话会容易说出来，平常封锁森严的情绪会容易释放出来，他会更容易聆听内在的声音，更容易与自己对话。

平常的时候，人们被外在五光十色的环境吸引，很少能够反观内心，向内寻找问题的根源。催眠的时候，眼睛闭上，与外界隔绝，他就与内在连上线，在催眠师的引导下，像在外流浪的旅人回到心灵故乡，重新探访自己。

催眠中的超意识现象

我相信每个人都有“良心”，知道善恶的分际。但是在后天污染下，这颗良心往往或多或少被欲望、野心、习气、负面情绪遮掩。

经常地，在我临床催眠时，个案进入“良心显现”的状态，得以对自己无情地检讨，开始在自己身上找问题，而不再总是把批判的箭头射向别人。

有一件事印象很深刻，有一位B小姐起先不断抱怨她的老板有多么苛刻，对待员工还不如养猪者，她看不见自己在公司有什么前途可言，虽然她在那儿已经工作5年了。然而，当她进入催眠状态后，在一阵沉默后，她哽咽了起来，然后开始断断续续地说，其实老板对她很好，刚刚来公司时，偶然得知她有点债务，老板还主动帮她清还，使她心里没有挂碍。她想继续念书，老板也好心地答应她可以提前半小时下班。最近老板之所以常常说她，让她很讨厌，是因为自己晚睡，爬不起床，以至于几乎天天迟到。她因为老板一直说她，要求她准时上班，觉得很没面子，所以反过来对老板吹毛求疵，用严厉百倍的姿态批判老板……说到这里，她开始啜泣，以高度自律的态度说：“其实都是我不对，我却还怪罪老板……”

等她从催眠状态回来后，心情完全改变了。肯承认自己错，其实是非常快乐的事情。

另外一种常见的情形，是在催眠状态下，接通了更高的智慧，而获得新的领悟、新的体验，对事情有了更加深刻的洞见。

超意识是人很少攀登的心灵高峰，是我非常有兴趣开发的领域，未来我会投入更多精力来研究如何更有效地用催眠来帮助人们与超意识联机。

我提出来的“廖氏内在觉知七种催眠深度”的第六种深度，正是描述进入催眠状态后，接通超个人资料库，出现超个人层次的超常现象。

最后，我还是要强调，而且反复强调：虽然第六种催眠深度产生的“神通”现象很迷人、很华丽，但是，保持觉知更重要！第七种催眠深度的高等智慧显现，才是关键中的关键、核心中的核心。

催眠可以为你做什么

催眠对我们有哪些好处？能够为你做什么？总结多年来的催眠教学经验，我归纳出十二大用途。

这十二大用途，是从我的个人观点出发的，目的是凸显出催眠的独特价值，还有很多种其他用途，只是相比而言不是那么重要，就不列出来了，请读者明辨之。

第一，催眠最重要的用处，也是最为根本的价值所在，乃是“催眠可以帮助我们认识自己”。

古代德尔斐（Delphi）的阿波罗神庙入口处上方，用希腊文刻着一行字——“认识自己”（know thyself），传说这是神留给人类的箴言。

这是一个境界高远的提醒：无论神给了人们多少神谕，都没有“认识自己”来得重要。

一个人是否认识自己？认识得多深多广？一个人是否有自知之明，能够知道自己的优点、缺点，知道自己的兴趣、爱好，知道自己的人生使命与生命蓝图，知道自己是真实的还是虚伪的？知道自己现在处于什么样的情绪状态？是否知道自己说这句话、做那件事情的真正原因？当负面情绪跑出来的时候，能不能看清楚负面情绪的根源在哪里，而不会错误归因？一个人能否评估自己有多少能力与资源，而不会盲目决策？

从心理学角度来看，人的言谈举止往往 90% 以上是由潜意识里看不见的动力驱使着。那么，我们是否有能力穿透迷雾，看见潜意识里的真相，而不是闭上眼睛盲目蠢动于人世间？

催眠可以帮助我们从更好的状态来认识自己。

当我们处于催眠状态下，身心放松而宁静，意识清晰而专注，我们就可以像打开显微镜观察微观世界一样看着内心起伏的念头，觉察的光向更深的幽暗角落探照下去，把一切内心隐微的活动看仔细！

催眠可以帮助我们剥掉表面的伪装，看见内在的真相。

催眠可以帮助我们听见内心真实的声音，看见自己的心理运作模式。

唯有认识自己，才能帮助我们从痛苦中解脱，活出幸福来，否则人生只是一团迷茫。

从这个角度来说，催眠治疗就是帮助受术者认识自己从“无明”到“觉”的过程。

关于催眠如何帮助我们认识自己，这是我所教授的“身心合一催眠课程”的核心所在，我会在稍后章节进一步介绍。

第二，催眠作为心理治疗的绝佳方式，可以处理精神官能症、适应不良、情绪失调等问题。

心理治疗发展到今天，各种治疗技术如百花争放，各有各的独到之处，然而，催眠可以说是心理治疗技术的根本。就好像武侠小说常常提及的“内力”与“招式”，催眠是根本的“内力”，内力雄厚了，最简单的招式都能发挥出很大的威力。

从事心理治疗的人，如果有了催眠的内力，所有的心理治疗招式都能为你所用了。

如果你对自我催眠比较娴熟，你还可以自我催眠来治疗自己的心理问题，当一个人知道自己能自我催眠，把自己治好时，那种感觉会令人气定神闲，生活得稳如泰山。

第三，除了心理治疗，催眠还能处理身体的疾病，改善身体状况。

今天的医学已经开始认识到身体的疾病有很大的比例源于心理因素，凡是心因性的身体问题，都可以运用催眠来处理。

我已经有多次实务经验，个案解除了某个心理问题后，却意外地发现某种慢性疾病豁然而愈。

一般而言，心因性疾病，是心理问题造成生理问题，生理问题常常又反过来影响心理或精神状况，身心症状交杂出现，导致临床上诊断困难。

心因性疾病大致可分成两类：

第一类的疾病，是心理有问题，身体也不舒服，但还没到器质病变的程度，例如感冒、心因性疼痛、心因性呕吐、过度换气症候群、紧张性头痛、女性月经不调、男性阳痿早泄等。

这类问题通过催眠，去除了心理影响，往往会有立竿见影的功效。

第二类是器官上已出现了病理变化，但它的根源是心理因素，常常以慢性病的方式呈现，例如气喘、高血压、偏头痛、胃溃疡、秃头。

这类问题有时候通过催眠即可改善，有时则必须结合医学手段才能完善处理。

但是无论如何，只要善用催眠，一定会对患者产生直接或间接的作用。

而且，人们常常忘记了一个奇妙的事情，你所拥有的这具身躯，本身就是宇宙的奇迹，你的身体具有神奇的自我疗愈机制！

只要善用催眠，启动了身体的疗愈机制，往往就能产生令人惊喜的成效。

请注意，很多人已经久久不知道放松的滋味了，即使只是进入催眠状态，体会到了催眠所带来的宁静、放松、舒服的感受，本身就已经是一种治疗了。

第四，身心问题之外，催眠还能处理各种稀奇古怪的问题。

就以我经手过的案例而言，以下这些个案不太会去找心理治疗师，而来找催眠师。

很重要的东西遗失了，忘记某件事情的细节，希望催眠师能帮他调阅记忆档案。

男士想治疗性功能障碍，女士想治疗冷感，希望催眠师能帮他们拥有美好的性生活。

对人生感到彷徨迷惑，希望催眠师能帮他搞清楚自己的生命蓝图、人生使命。

因为感情，因为婚姻，因为好奇，因为很多原因而想了解因果业力，希望催眠师能帮他探索前世今生。

修炼气功的人，希望催眠师能帮他调整能量状态。

觉得运势一直不佳，希望催眠师能帮他改运，招来祥瑞、好运。

自觉被鬼魅缠身，希望催眠师能帮他驱除负面能量。

这张清单还可以继续往下列出来更多。

因为催眠可以与潜意识进行深层沟通，调动内在的大智慧、大能量，所以，催眠能够应付各种疑难杂症。

第五，催眠可以引导我们进入改变意识状态。

进入 ASC 之后，就好像来到一座超级转运站，你可以攀登高层潜意识，去眺望宇宙美景，领略高等心智运作；你也可以走下低层潜意识，去打开压抑的房间，进行心理治疗。你还可以享受各种不同 ASC 所带来的奇妙功效，例如解梦；或直接体验梦境，领悟梦中信息，例如打开记忆库，回忆童年的往事。

第六，催眠是一种有效的止痛方法。

过去的催眠家已经留下了大量可靠的文献记载，证明催眠是一种有效的止痛方法，无论是大大小小的外科手术，还是催眠助产，抑或是缓解病症带来的主观疼痛感。

第七，催眠可以帮助人们戒除不良成瘾行为。

人类可以上瘾的种类非常可观，除了最常见的烟瘾、酒瘾、毒瘾、赌瘾、色情瘾、目前青少年常有的网瘾，还有各式各样的上瘾症，如购物瘾、偷窃瘾、搜集瘾、美食瘾等等。

这些成瘾行为，都会有心理形成机制，凡是心理因素引起的问题，都是催眠治疗的应用范围。

第八，催眠可以帮助人们美容、美体、减肥。

催眠可以处理心理问题，也可以处理身体问题，更可以处理身心综合问题。

美容、美体、减肥，往往不是单纯的生理问题，而是含藏着心理因素，所以通过催眠来处理，会得到事半功倍的效果。

第九，催眠可以帮助我们提升学习效果，拥有更好的记忆力。

要提高学习效果，有很多环节要注意。

例如，够强的学习动机、好的学习方法、进入适合学习的意识状态，这些都是催眠可以派得上用场的。

我曾经制作过相关的催眠作品，例如“超级学习与超级记忆”“超级记忆力”“超级理解力”“超级学习力”，得到许多读者的正面回响。

如果熟悉自我催眠的方法，你也可以通过自我催眠来提升学习效果，拥有更好的记忆力。

第十，催眠可以帮助孕妇顺利孕育好宝宝，使生产过程顺利进行。

到目前为止，已经有好多个因为催眠而使得怀孕到分娩都平安顺遂的案例，除了我亲自遇到的催眠作品中的用户、个案与学员，还有大量文献记载。

催眠可以帮助孕妇放松心情，降低负面想象，这样就能大幅减少怀孕过程中因为担忧而引起的心理折磨。

催眠也可以帮助孕妇将正面指令输入潜意识里，促进胎儿发育得更好。

催眠可以帮助孕妇夜里获得更好的睡眠，有了好质量的睡眠，才更有力气走完这个历程。

生产的时候运用催眠，可以让生产过程缩短 2 到 4 个小时，降低麻醉药的剂量。

总之，诞生一个健康宝宝需要母亲付出极其可观的心血，在这条辛苦的道路上，催眠会是孕妇的最佳良伴。

第十一，帮助失眠的人尽快入睡。

根据医学界保守估计，总人口 2300 多万的台湾，至少有 200 万人受失眠之苦，台湾一年通过健保医疗体系开出来的镇静安眠类药有 13.5 亿颗。其中尤以新一代安眠药 Zolpidem（即唑吡坦）用量最大，一年开出 8000 多万颗，是同类药品之首。

换言之，几乎每十人之中就有一人有失眠问题。

这么多失眠者，吞掉这么多安眠药，这是一件非常恐怖的事情。而且安眠药服用多了，还可能会产生副作用与后遗症。

用催眠来帮助人安眠，可以说是最容易见效的，也是最为自然的方法。

无论是用催眠来进入放松宁静状态，好顺利入眠，还是用催眠来处理心理问题，去掉扰人入梦的烦忧，都值得一试。

第十二，催眠可以解梦，而且是最好的解梦方法。

每个人每天夜里入睡后都会做梦，而且至少做 10 个梦。

一个人如果活到 70 岁，那么至少做过 25 万个梦。

梦，是潜意识传达信息给意识的天然管道。

如果你懂得用催眠解梦，你可以直接进入催眠状态，重新体验梦境，并且当下接收、理解潜意识的信息。

很多解梦方式是间接用理智分析的，或别人为你诠释的，还不如催眠解梦来得直接有效。

催眠满足人的六种需求

人的组成远比其他生物复杂，人有兽性，也有人性，还有神性。

兽性需要得到满足，人性需要得到满足，神性也需要得到满足，而且，这三者还要处于平衡和谐状态，不然，无法成为一个完整健康的人。

马斯洛（Abraham H. Maslow，1908—1970）晚年时，修正了他的需求层次论，在原来的五种需求之外，加入了最高需求（灵性需求），由下而上依次是这样的：

1. 生理的需求；
2. 安全的需求；
3. 爱与隶属的需求；
4. 受人尊重的需求；
5. 自我实现的需求；
6. 灵性的需求。

这六种需求是否得到满足，决定了一个人是否真正幸福快乐。

当我们审视自己时，可以用这个标准来检验自己，看看自己在哪一个层面需求匮乏，或者质量不佳，这样更深入认识自己后，就能明白从哪里来弥补不足之处，使心灵平衡发展。

我在治疗个案时，也会评估对方这六种需求是否有所缺乏、失衡，那么，治疗策略就容易制定出来了。

生理的需求

生理的需求是最低层次的，最容易理解。

来自生理的需要，会促使你立刻来满足它，例如饥饿、口渴、痛苦的逃避、性欲的紧张、生存的威胁。

这些生理的驱力非常强势，优先于任何其他需要。如果你饥肠辘辘或口干舌燥，如果你痛苦难熬，这时除了排除这些不舒服，其他都不重要！

当一个人在冬夜洗澡时，如果莲蓬头喷洒下来的全是冰冷的水，这时候他唯一的念头就是赶快逃走！其他想法都暂时消声。

当一个人饿得不行了，他可能就不顾一切变成罪犯！当一群人饿到不行了，他们可能就不顾一切变成暴民，开始造反！

当一个人性欲高涨到一定程度之际，他可能会做出与他的社会地位、知识教养完全不一致的脱轨行为。

不过，生理需求并不是人类唯一的需求，当人们发展到更高阶段的时候，可以凌驾于它之上，而不被控制。

例如发挥到极致的母爱，可以用身体保护孩子不受火烧；船难之际，人格者自愿牺牲，把生存机会让给老弱妇孺。

安全的需求

安全的需求是第二重要的，也是一股强烈的推动力量。正如很多人把注意力集中在生理的需求，也有许多人非常关心安全、安全感、可以预测的未来。

每一个人都会有一些不安全感，例如：

妇女夜行时，会担心是否会受到歹徒袭击。

住在自己的家里，会不会有人破门而入？

我就要从学校毕业了，能不能找到一份合适的工作？

自己的存款够不够养老之用？

房价会不会一路狂飙，导致自己买不起房子，连栖身之处都没有？

万一又出现了金融海啸，我们的投资、保险金是否就人间蒸发了？

情人有可能变心，订婚了说不定会逃婚；就算结婚了，外地出差的先生会不会与一个比我更青春、更迷人的狐狸精上床？

天外陨石随时都可能袭击地球，会不会一夕之间人类文明毁灭了？

生活充满了各种变量，佛家说：“世事无常，国土危脆。”当内在的安全感还没充分建立之时，对许多人来说这是一个不安全的世界。

除了面对当下潜藏危机的处境，每一个人都还必须面对许多未知的事物、无法预测的将来。无论一个人多么迷人、聪明、富裕、有权有势，他仍然无法控制所有不可预见的事情。

安全感有一部分有赖于客观条件的支持，这是外在的资源；有一部分则出自内在的成熟，这是内在的资源。

发展得比较好的人，虽然处于许多不确定中，但由于他有丰富的内在资源，仍然能生活得很愉快。

即使有好的外在资源，如果内在资源不足，有些人依然无法忍受这些不确定所带来的压力，导致身心出现问题。

如果你能深刻体会到“一切都是最好的安排”这个心法，那么，红、橙、黄、绿、蓝、靛、紫，色色皆美，凡是发生的都是有意义的，都会给我们的成长提供智慧养分，你就能以超越的心态看待一切的发生，逐步逼近“无入而不自得”的境界，森罗万象莫不缤纷多姿。

爱与隶属的需求

孤独生活而独自提供一切生活所需，是近乎不可能的。

除了极少数的人能完全离群索居，绝大多数人是群居的社会性动物。

我们需要活在人际网络里，从两个人的爱情关系，到朋友关系、家庭关系、社会关系，以及各种不同性质的团体，一个正常的人往往有多重人际关系的互动。

我们喜欢与人互动，我们会参与或隶属于某个团体乃至好几个团体。当生理和安全的需求基本满足了，人会希望自己被接纳、被喜欢。

爱与隶属的需求没有得到满足的人，往往会觉得心里空虚，惶惶然如丧家之犬，因而行为脱序。

例如，有些青少年为了获得同侪团体的认同，往往会做出在亲人看来不可能会做出来的事。

以爱情来说，那么多痴男怨女，面对一个人无法解决的两人关系，往往只能强颜欢笑。寻求心理咨询的人，有很大比例就是这一类型的。

而通常会与个案发生关系，逾越专业伦理界限的治疗师，很大一部分正是因为爱与隶属的需求匮乏。

如果一个人无法满足爱与隶属的需求，常常觉得不被人需要，不被人接纳，不受人喜欢，没有人爱他，没有团体的归属感，久而久之，挫败经验累积到某种程度之后，性格也会受到不良影响，成为终生遗憾。

受人尊重的需求

马斯洛把这个层面的需求分成两个部分：自我尊重（self-respect）和他人对自己的尊重。

前者是指一个人知道他是有价值的，能够接受生活的挑战，包括了对自信、成就、独立、个人力量、职称等的需求。

别人对自己的尊重则包括承认、接纳、注意、地位、名誉和欣赏等。

每个人都希望别人欣赏他的所作所为，没有人喜欢被视为平庸、无能、废物、寄生虫。我们不但希望被人接纳，而且希望我们的优点、特质、成就能被人欣赏。

这种需求如果受挫，人会产生自卑、脆弱、无助、无力感。这些消极的

“自我认知”，会影响人格的发展。

这种需求获得满足的人，将产生自信、有价值、有力量、有能力和“天生我材必有用”的感觉，如自我接纳（self-acceptance）、自我尊重、自爱（self-love）。

慈善、环保、爱心团体，吸引了大批义工来投入，受人尊重的需求是其中很重要的因素。

自我实现的需求

自我实现就是成为理想自我，达到潜能的巅峰。

罗家伦先生在《新人生观》一书中说：“我常说整个人生的目的，就在求自我的实现，也就是在不排斥他人、不侵犯他人的原则下，充分地发展自己、充实自己，以求达到尽善尽美、笃实光辉的境地。”

因为要实现理想的自己，人就会努力提升自我，学习知识与技能，勇敢迎接挑战，于是展开了光辉灿烂的人生旅程。

自我实现的途径有很多种。

有音乐天赋的人成为音乐家，有文学天赋的人成为文学家，有科学天赋的人成为科学家。

除此之外，做父母的、当老师的、与机械为伍的操作工、基层公务员、在街头扫地的清洁工，都可以把自己的工作做到尽善尽美而发挥潜能。

自我实现的方式可以差异很大，但是最终殊途同归。

灵性的需求

这是看不见的需求，被很多人忽略，甚至很长一段时间被主流社会放逐到偏远的位置。

这个需求虽然看不见，但是它一直坚定地存在着。

走到“自我实现”层次的人已经不多了，而灵性的需求，则是追求“真我实现”，这是一条等级更高的道路。

每一个人在一生之中，一定曾经自发性地询问自己：

“我是谁？”

“生从何来？”

“死往何去？”

“活着是为了什么？”

“如果人一出生就一步一步走向死亡，那么活着有什么意义？”

“人有灵魂吗？”

“灵魂是上帝创造的吗？”

“人有前世今生吗？”

这些问题，有些人会持续探索答案，走上灵修之路。

例如释迦牟尼佛，他为了找到答案，自愿放弃一切，过着没有钱、没有居所、没有同伴、没有亲情、没有爱、没有性、没有任何保障的生活，成为一无所有的人。

大部分人则想想就算了，继续做一个生活中人。这样的人，他还没有感受到自己有灵性需求。

但是，没有感觉到灵性需求，不代表没有灵性需求。

即使意识层面不去关注灵性的人，他的内心某一个部分仍然充满好奇，只是等待合适的时机浮现而已。

自古以来，明确感受到灵性需求的人往往会走向宗教。

但是，灵性需求不等同于宗教需求，一个追求灵性的人可能不隶属于任何宗教，一个依附于宗教的人也未必是出于灵性需求。

在灵性道路上走到一定阶段的人，可能有下列特性：

1. 超越的层次。他们经历过超常经验，不但相信超越层次的存在，也从中汲取了力量。

2. 生命的意义与存在。有些人认为人死后化为虚无，所以活着时自暴自弃或者无所忌惮、为所欲为，不能领悟永续经营的价值。他们则相信生命具有深刻意义，他们的存在必有目的。

3. 人生使命。某种天命或使命感，成为他们行动的最高动机。例如，人生是一场修炼自己、服务众生的旅程。

4. 生命的神圣性。他们相信所有的生命都是神圣的，人类并非唯我独尊，以此发展出各种理念，例如人不应该虐待动物，不该剥夺动物的生存权利。

5. 合理看待物质。他们懂得欣赏物质的享受，却不会把它视为最高目的。他们与金钱关系良好，不排斥金钱，也不追逐金钱，过着主观上富裕的生活。

6. 博爱。他们有正义感、慈悲心，愿意去服务、去爱人。

7. 理想主义。愿意为高尚的理想、促进世界更美好而献身。

8. 合理看待痛苦。他们深刻感受到人类的痛苦，他们知道生老病死是不可避免的，却仍然能欣赏生命、享受生命。

9. 平淡自处。他们并不因为有了灵性成就而使自己凌驾于别人之上，反而自觉平凡。

10. 重返红尘。刚刚从事修行的人，往往会否定现实，以二分法来看待世间法与出世间法，例如静坐诵经就是清净，谈情说爱、赚钱买股票就是染污。等到跨过某个阶段后，他体认到了红尘即道场，平凡的生活蕴含了伟大的修行，于是开始能以“见山又是山”的心态，就活在此时此地，在真实的世界中脚踏实地生活着。

平衡满足人的六种需求

就人的发展来看，这六种需求都需要得到满足，缺一不可。

当然，老天允许每一个人有自己的步调，你可以偏重某些需求，先去满足它，但是，最终，你必须平衡发展，才能走向“自我”与“真我”和谐运作的光明远景。

祝福你！

从“自我实现”走上“真我实现”之路。

前世催眠

前世催眠（Past Life Regression）的本质

大部分的前世催眠，是潜意识投射出来的一幕戏，让当事人从另外一个角度认识自己。

就像梦是自发性的催眠，前世催眠则是人工诱发出来的一场梦。

梦有含意，梦有潜意识想传达的信息，前世催眠亦然。

前世催眠，经常会经历生死的场面、灵魂的世界、生命蓝图、为何选择这原生家庭、有待化解的业力习题等，可以启发当事人去思索人生更广泛的面，往往会使人脱胎换骨，用更超越的观点来看待原来的问题，甚至得到灵性层面的领悟。

相比于大多数的“虚构的”前世催眠，有些“真实的”前世催眠，由于调动了一般心智层面之外的高层心灵的力量与资料，往往成为珍贵的灵性体验，对当事人会产生深刻的影响。

前世催眠的最大意义在于：从前世获得启发，然后运用在今生今世。

由于前世催眠的争议很大，建议催眠师要特别谨慎处理。

前世催眠技巧

前世催眠有多少种技巧？标准答案：无数种！

1. 古典技巧。挑选重要年代，逐步回溯。例如，高中时代、初中时代、小学时代、幼儿园、3 岁、刚出生、胎儿期、灵魂世界、前世……

2. 搭电梯法。打开电梯，即进入某一时空、某一重大事件。

3. 下楼梯法。走到楼梯之下，进入地下室，就回到某一时空、某一重大事件。

4. 数数法。数到某一数字，即进入某一时空、某一重大事件。

5. 宇宙图书馆。引导个案进入这儿，任意调阅一切数据。

6. 想象法。自行想象一段前世故事。

7. 眼前出现三道门，分别通往不同的前世。

8. 坐在专属的电影剧院里，播放前世故事。

9. 以症状为出发点，回到问题的根源。例如，《前世今生》书中魏斯医师就对凯瑟琳说："回到你症状开始的那个时间。"

10. 镜子法。想象眼前有一面镜子，看着那面镜子，会发现镜子里的自己逐渐转变成前世的自己。

……

还有一千万种方法，等你来发明。

注意事项：

1. 自发性地出现的前世记忆，往往是最好的。

2. 可以考虑先让个案回到某段快乐的过去时光。

3. 并非人人都需要前世催眠，宜事先了解个案的动机。

4. 遗忘前世记忆，是有意义的。

5. 敏感度不够者，宜婉拒，或者佐以其他探索方式。

6. 敏感度够的人，也可能看不见前世，因为时机未到。

7. 前世催眠经验，多半是目前境况的投射。

8. 前世回溯，无论真假，都有自我探索的意义。

9. 探索前世，是为了让今生活得更好。

10. 在回溯某一段前世结束时，询问他："从这一生你学习到了什么？"

11. 结束前世催眠后，事后讨论更重要。询问个案，对于前世的身份有什么感想，从前世的剧情中得到什么启发，他打算做些什么努力与改变来帮助自己生活得更好。

最高心法：法无定法，自然、应机即可。

如何验证前世催眠的真假

根据《我家小孩的前世》书中提及儿童前世记忆的四个征兆，我认为可以作为检验标准，供学员参考。

四个主要征兆：

1. 口气平实。

2. 首尾一贯。

3. 超乎经验之外的知识。

4. 相应的行为与特征。

廖阅鹏按：

几年下来，无论是个别治疗，或团体催眠，做过的前世催眠不知有多少了，然而，我的基本原则是更加明确。

前世催眠确有其疗效，但如果没有拿捏好分寸，也会有后遗症。

前世催眠，只是帮助人们认识自己的一个工具，而不是助长人们的虚荣心及自大、自我膨胀意识。

例如，如果一个人发现他前世是西藏的大喇嘛，结束催眠后，沾沾自喜，却没有认真精进修炼，恐怕反而平添更强的我执。

我对自己的前世是什么没有太大兴趣，该知道的时候，自然就会知道了。

生活中，最重要的是如实观照自我。

时时刻刻，以纯然的觉知，观照意识的活动。

包括观察现在的想法、现在的念头、现在的情绪、现在的身体状态、现在的动作，乃至于观察一句话的背后原因、一个欲望的背后动力、一个决定的潜意识驱力……

努力维持时时刻刻处于放松状态，在放松状态中保有清醒、警觉的心智质量，这就是最好的日常意识，也是最优质的催眠状态。

最后叮咛

年龄回溯与前世催眠，都可能出现虚假记忆（False Memory），所以对于个案叙述的内容要理性面对。

例如，你可以对能到第五级催眠深度的受术者做个试验，暗示他："我们以前曾经一起去阿里山游玩，还去过日月潭划船……来，做个深呼吸，当时的情景会从你的记忆库浮现出来……现在，把你印象比较深刻的场景说出来吧……"

然后你会发现，受术者会把一件虚无的事情描绘得活灵活现。

我能相信前世催眠的见闻吗

在我的咨询室里，每个月总会遇到一两个访遍国内各个催眠师的人，听他们谈起不同催眠师的风格与手法，也颇能增添治疗过程的乐趣。

有些人会向我抱怨某某催眠师收了他的钱却没把他催眠成功。

这种情形不一定是催眠师的错，我自己也不能保证每个来找我的人都能顺利进入他所希望的催眠状态。所以通常我会在初诊时做个催眠敏感度测试。

每个人的催眠敏感度不一样，的确有一定比例的人比较不容易第一次就催眠成功。

毕竟催眠是催眠师与受术者双方一起合作完成的事情，如果受术者有一些奇怪的期待或想法，是很可能构成障碍的。

有些人被催眠了，但没有进入足够的催眠深度，所以会认为没有得到预期的效果。

有些人进入很好的催眠状态，但却对催眠中的见闻经验持怀疑的态度。譬如说，他不敢确定他看到的前世资料是真实的。关于这一点，我绝对鼓励个案以理性态度面对。

有些人则对他的前世催眠经验津津乐道，甚至不加质疑地全盘接受。

这是令我担忧的，尤其有些催眠师乐于肯定这些经验，更加强化他认同前世催眠的内容。

如果你经历了前世催眠后，对于前世今生的因果关系有了一种深刻的了解，而这种了解使你解决了某些问题，使你的心情更为稳定、快乐，甚至你的某些疾病跟着痊愈了，我会倾向于相信这是一次有效的前世催眠（Efficacious Past Life Regression）。

如果你因而获得了某些灵性层面的洞见，整个生命境界更上一层楼，我也会相信这是一次有效的前世催眠。

事实上，有很多次，我的个案从前世催眠醒来，他自己心里明白了，也不需我帮他肯定什么，因为某种内在的改变已经发生，他已经不一样了。

我说有效，而不说真正，是因为你的前世催眠体验是否符合客观历史，并非容易考证、确定的。

现在心理学家已经很清楚人类的回忆机制其实是一种再创造的过程，没有百分之百客观精确的回忆。人甚至会随着内在的期待与需求，杜撰出栩栩如生的虚假记忆。

因此，前世催眠里许多细节很可能是虚构的、投射的、转化的，可能是由 80% 的真实与 20% 的虚假混合而成，也可能是 20% 的真实与 80% 的虚假，甚至可能百分之百纯属虚构。

但这些并不妨碍前世催眠对于解决问题是有效的。

探索前世是为了让你今生活得更好，所以重点不在于前世的你是谁，而在于经过催眠后，你是否变得更好。

我看过有人执着于他前世的辉煌身份，忽视他今生不如意的现实际遇，拿前世的自己作为精神上的自慰，而不肯致力于提升现在的自己。

例如我认识的人之中，有一位搞修行的，他在前世催眠中，发现自己是一位西藏喇嘛，治理一座信徒超过 3000 人的寺庙，所到之处莫不获得尊荣至极的款待，于是结束催眠之后，他颇为沾沾自喜。

在我看来，这很可能是自我暗示、迎合虚荣而来的一部想象电影，是潜意识自编自导自演的，然后自己乐不可支。探究其实质，其实等于零，对他毫无帮助。

像这种执着于前世的辉煌身份，忽视他今生不如意的现实际遇，拿前世的荣光作为精神上的自慰，而不肯致力于提升现在的自己，可谓舍本逐末啊！好的催眠治疗师一定要提醒个案不可如此。

在西方的基督教社会中，有些治疗师是不相信转世轮回的，但因为前世治疗屡见奇功，所以照样帮个案或病人进行前世催眠。

请记住，任何催眠与治疗，最终都要使当事人更健康、平衡，快乐地活在当下。

另外也有一种类型是无效的前世催眠（Inefficacious Past Life Regression）。

被催眠者会回忆出一些情节、某些画面，多半是淡而无味的，结束催眠后，他并没有什么触动，没有什么洞悟，好像去戏院看完一部平庸的电影，散场后，连谈的兴致都没有。

通常这种情形，我会倾向于判定是头脑虚构出来的剧情，与前世记忆无关。

即使如此，也不可说这些内容都是无用的垃圾，相反地，就像梦境是一则神秘的隐喻，可以从中看出做梦者的内在状态，这些虚构的前世记忆也可以帮助对方认识自己。

心理学家佐里克曾报告一位年轻男士在前世催眠中，自称生于 1850 年，名叫温卓克，是个孤独的猎人，没有朋友，1876 年时，生了一场大病，不久就孤独地死去了。

经过后续的会谈，年轻男士终于想起来，他的“前世”其实是以前看过的一部电影，甚至他还记得是在哪一家戏院看的。

尽管事后证明这个前世记忆是虚假的，从中却可以得知他内心的孤独、寂寞，他渴望亲密。

经验丰富的催眠师可以引导个案从前世回溯中获得帮助他更深入“认识自己”的材料，仅是这一点，就有价值了。

总之，是有可能从前世催眠获得意外的惊喜与收获的，前提是保持理性态度，审慎看待。

你最想知道的
关于催眠的疑问

人人都能催眠吗

每个正常人都能接受催眠，这一点是肯定的。

每个正常人都能从催眠中获得益处，这一点也是肯定的。

这里提供一个我在2009年年底领悟到的观点，来帮助读者更加清楚认识催眠的本质。

我们可以从施术者与受术者的关系来将催眠分成三种类型，分别是主动式催眠、被动式催眠和交互式催眠。

交互式催眠，是心理治疗中最常用到的类型。

受术者在催眠状态中，可以保持意识的清醒，又能调动潜意识的资源，所以可以与催眠师保持互动，有问有答，互相呼应，在信赖合作之中完成催眠目标。

主动式催眠，则是以自我催眠为主，自己催眠自己，自己输入催眠指令，自己影响自己。

在生活中，事实上，每个人都在不断地进行这种主动式的自我催眠。

被动式催眠，则是在当事人没有觉察到，或者意识不清醒的时候，接收到来自催眠师的指令，或者接收到外界的暗示，潜意识接收到指示了，就开始运作，产生影响。

一般的正常人，这三种类型的催眠都是可以发生的，这比较容易理解，就不赘述了。

那么，小孩能催眠吗？

能。只要有一定的理解与表达能力，就能进行交互式催眠。

刚出生的婴儿还听不懂大人的话，能够催眠吗？

交互式催眠肯定是不行，但是给予温柔、美好的声调、语句，成为有利于身心健康成长的催眠指令，这种被动式催眠则必然有益于婴儿。

聋人可以催眠吗？

可以。只要设定了沟通符号，用手语、身体接触，照样可以进行交互式催眠。

精神病患者可以催眠吗？

可以。大部分的精神病患者仍然能够进行交互式催眠。

严重智障者能催眠吗？

如果是严重到理解与表达能力过低，那么，就没有办法进行交互式催眠了。但是，仍然可以进行单纯输入指令的被动式催眠。

同理类推于植物人。

植物人的意识层面已经模糊了，这时候，单纯输入指令的被动式催眠依然会对其潜意识产生影响，所以，每天给植物人播放设计精准的催眠指令，是有可能提高唤醒植物人的概率的。

那么，睡眠的时候能催眠吗？

根据以上的解释，相信读者很容易就明白了，交互式催眠会有困难，但是被动式催眠则没有问题。

甚至可以说，熟眠的时候，是接收催眠指令的最佳时机。

人为什么可以被催眠

多年来，在催眠教学时，偶尔会有学员充满了好奇心，问我一个非常基本的问题："人为什么会被催眠？"

没有体验过催眠，没有来上课，没见过现场催眠示范的人，会问："真的有催眠吗？"或问："人真的会被催眠吗？"

来上课了，看见催眠示范了，也知道这些进入催眠状态、展现各种催眠现象的学员不是我安排的"催眠托"，就会进一步去思考这个基本问题：人为什么会被催眠？

对于这个问题，可以有很多种回答。

有时我会反问学员："先不回答这个问题，请问：人为什么会清醒？人为什么会睡觉？人又为什么会做梦？"

这几个基本问题，到目前为止，科学给了我们完整、满意的解答吗？

表面上看起来很平常的、基本的问题，反而蕴藏了无限神奇。

实情是，科学解答了一部分，然后又发现了更多问题。总是如此，人类了解越多，紧跟着就浮现了更多更多的疑问。

现在，我们回来讨论"人为什么可以被催眠"这个问题。

如果说人是一部极其精妙的生化机器，那么，生物进化到这个阶段，人这部生化机器已经蕴含了许多其他动物没有的发展可能性。

人的大脑神经结构被赋予了理智思维的机能。

人的大脑神经结构被赋予了感受各种情绪、表达各种情绪的机能。

人的大脑神经结构被赋予了运用文字、符号来进行命名、定义、抽象思维、运算、表达、呈现的机能。

所有的心智运作，都可以找到神经学的运作机制。

人的大脑神经结构甚至被赋予了体验神秘、玄秘、天人合一的机能。

有一本好书《超觉神秘经验》（*Why God Won' t Go Away*），作者之一是安德鲁·纽柏格（Andrew Newberg），专攻神经学与神秘经验的联结研究，书中提及：

> 天人合一的体验一如其他经验、心境和知觉，都是由神经作用造成的，较特别的是，玄秘体验是本我的感受被削弱，本我和更伟大的存在融为一体，而这一切都是因为外来信息受阻，无法传入大脑的辨向联合区而造成的现象……
>
> 在适当的环境安排下，听一首轻柔的歌曲，可以使人像参加仪式一样，达到改变心灵似的自我超越境界……具有节奏感的行为会产生神经信息传导阻塞的现象，造成辨向联合区无法作用而出现合一境界，这种心灵和谐状态的强度，视神经信息阻塞的程度而定。神经信息被阻塞的程度可以逐步增强，甚至完全阻绝，因此心灵合一的程度可以用有强弱之分的光谱来呈现，我们称之为“心灵合一光谱”。在光谱之中，有最高程度的一体感，像是玄秘主义者所体验到的感受；也有最低程度的一体感，像日常生活发生的短暂自我超觉感受。从神经学的角度来看，这两种状态的区分基本上是程度的不同。

接下来，书中详细谈到了冥想的时候，大脑右边的注意力联合区会通过视丘刺激海马体，形成一组神经回路，阻绝感官和认知系统的神经信息渐渐不流向辨向联合区，然后，当沉静和兴奋系统同时处于激化状态时，下视丘的强烈神经电流会迅速通过边缘系统传向注意力联合区，使该区产生高速作用，于是，通向辨向联合区的神经信息瞬间被阻滞了。一旦右脑的辨向联合区没有信息传入时，人们会失去辨识方位的能力，当感觉被剥夺之后，它唯一的选择就是变成没有空间感的状态，亦即心灵进入没有时间和空间的空无境界。而左脑的辨向联合区没有信息传入时，人们就不再有主观的自我感。然后，人们会感受到天人合一那种无我、融入宇宙整体的境界。

这些描述书上写得很详细，我就不赘述了。

当我第一次读到这份资料时，我的感觉是：太神奇了！原来连天人合一体验都能找到神经作用的运作机制，那么，所有的催眠现象一定也都有神经作用的运作机制，只是看什么时候脑神经学者把注意力放到这里了。

现在，我会这样回答这个问题——人为什么会被催眠：

因为人被赋予了这种能力，人的神经结构被赋予了进入催眠状态的机制。

至于催眠的神经机制是什么，这个领域让神经学者去追根究底，去研究个水落石出吧！

身为催眠治疗师，我认为，更重要的问题出现了。

人怎样才能进入催眠状态？

人要用什么方法帮助自己、帮助别人进入催眠状态呢？

我会不会被催眠师控制而做出不该做的事

当我们看到热闹好玩的舞台催眠秀中，观众随着催眠师的指令做出各种滑稽的表演，而这些是观众平常做不出来或做不到的事情时，我们就会忍不住产生这样的疑惑：“万一，催眠师要求我做出违反道德、良知的事情，我会不会被他控制，而照着他的指令去做呢？”

身为催眠师，我不会在个案进入催眠状态后，下指令要他去做违反个人意愿、违背道德良知的事情，因为我将催眠视为助人的工具，绝对以个案的福祉为原则。

美国著名的催眠大师米尔顿·艾力克森认为，即使在催眠状态下，也不可能让人做出违背道德良知的事情。他也坦承，他没有办法催眠人去做出伤害自己或别人的事情，例如脱光衣服、说谎、电击别人。

赞成这个观点的学者，主张催眠师如果下了违反道德良心的指令，被催眠者会抗拒。他们常举例说，有位女孩在一群医学院男学生面前示范各种深度催眠的现象，她被诱导出被谋杀、被抢劫的幻觉，但是当她被暗示要脱光衣服时，就突然惊醒了。

大多数时候，被催眠者是处于意识清醒的状态，有能力保护自己，遇到不合理的指令，是有能力拒绝，随时睁开眼睛的。

然而，世界很大，没有人能够保证每个懂催眠的人都如此诚善、自律、恪守专业伦理。而且，催眠术博大精深，如果有人蓄意运用催眠术来造恶，他是有可能得逞的。

翻开文献，我们可以看见许多这类的实验以及实际发生的案例。

1939 年，罗伦（Rowland）做了一个著名的响尾蛇实验。在受试者被催眠后，他下指令要对方去摸响尾蛇。响尾蛇与受试者之间隔着安全玻璃，所以基本上是安全的。不过，受试者看不见那道安全玻璃，所以并不知道其实是不会摸到响尾蛇的。他暗示被催眠的受试者，那些响尾蛇是橡皮水管，结果，4 个受试者有 3 个去摸了。

而在没有被催眠的对照组，43 个人当中，有 41 个根本不敢靠近蛇笼。

他还另外做了一个实验，叫受试者把杯子里的硫酸泼向别人，受试者泼了。当然，那不是真的硫酸，只是普通的水，但受试者并不知道。

一般来说，被催眠者会明确抗拒显然不道德的指令，例如，拿刀子去刺人。但是催眠师如果用伪装的指令，暗示他竖立在前面的是一个稻草人，他就有可能真的举刀刺过去。

例如，下指令要对方将衣服脱光，他会因抗拒而醒来，或者不予反应。但是，如果引导他想象自己置身于非常闷热的沙漠，全身流汗，终于遇到了绿洲，有清凉的湖水，他可以好好洗个澡了，他就有可能在这个幻觉中将衣服脱下来。

在第二次世界大战时，有人制造出低沸点汽油，负责的官员相信他的研发团队不会泄露机密。有个催眠师就催眠了其中一员，暗示对方自己是他的上司，要他简明扼要地说明个中秘密，这个人果然照实说了。实验很快就停止了，因为他越说越多，再不停止，这位催眠师就会成为低沸点汽油专家了。

韦尔斯（Wells）在 1941 年的报告中说，他催眠一个人，让他去偷朋友的钱，而且事后对于整个过程没有任何记忆。

服务于德国警署的梅尔医师报告过一个精彩的案例，催眠史上称为“海德堡事件”。在 1934 年，一位已婚妇女被一个名叫法蓝资 · 瓦特的男子催眠后，这个男子不但与她性交，还命令她去当妓女，赚来的钱都交给他用，她自己还从银行里提出 3000 马克的存款给他。最后，瓦特还下指令要她谋杀丈夫，直到第六次失败后，丈夫起疑而向警方报案。

梅尔医师参与这件案件的调查工作后，发现瓦特利用催眠术来控制她。虽然瓦特曾经下指令，要她不管在任何状况下都不可泄露他的身份，但是梅尔医师顺利破解了他复杂的指令系统，让她完全说出真相。

瓦特后来被判 10 年的徒刑。

综合上述数据，虽然不是很常见，但是人的确可能被催眠师控制而做出不该做的事。所以，当你需要催眠治疗时，一定要小心谨慎地选择术德兼备的催眠师，切记！

催眠秀是真的吗

每次上媒体接受采访，或者应邀演讲，都会被问到“催眠秀是真的吗”这个问题。

人们普遍对于催眠秀的戏剧效果啧啧称奇，颇想一探究竟。在几次催眠秀热潮的推波助澜下，催眠变成热门话题，也间接带动了国人认识催眠、学习催眠的风气。

我也观察到，不少心理学界、医学界人士对于舞台秀催眠师抱有轻蔑的态度，认为这些人不学无术，误导大众对催眠形成错误印象。由于每次催眠秀，只要参与者多，多少会制造出几个出现精神困扰的观众，医学界，尤其是精神科医师更是逮到大好机会重炮轰击。记得有一位从美国来中国台湾表演催眠秀的催眠师就是这样，在舆论的一致挞伐下，黯然结束表演行程，仓皇离去。

催眠秀本来就是秀，目的在于娱乐大众，就娱乐的观点，确实是既新鲜又有趣，我自己也蛮喜欢看的，还常常为其中的巧思、创意拍案叫绝！

在历史上，有很长的一段时间，催眠并不被正统的医学界接受，如果不是走江湖卖艺的催眠表演者传承这门技艺，恐怕催眠术早已销声匿迹了。

催眠表演者为了吸引目光，也常常在表演里掺杂一些耸人听闻的内容，例如窥心术、动物催眠、念力控制，其实都与真正的催眠无关，难免会被高尚之士轻蔑。

然而催眠表演者为了快速诱导参与表演者进入催眠状态，必然多方尝试各种催眠手法。譬如说，在嘈杂的现场让人进入催眠状态本来就很有难度，这是催眠表演者必须解决的难题。以至于催眠表演者常常会觉得自己的催眠技巧可比学院派的笨蛋学者高明多了。

一场好的催眠秀，除了催眠师的催眠手法必须非常纯熟之外，还需要许多条件配合。

首先，催眠师必须精通于挑选最适合的观众来参与表演。

最适合的观众，本来应该是催眠敏感度最好的人，他们可以迅速进入深度催眠状态，完美地达成催眠师的指令。

然而在舞台上，观众只要看到外在的表现就好，也无法知道内在是否真正进入催眠状态，所以，最适合的观众也包括了动机强、配合度高、表演欲旺盛的人。

这样的人站在舞台上时，感觉自己成为全场成千上万的观众关注的焦点，他会产生一种心情，他是这场秀的主角，他不能搞砸这场秀，他要全力配合，而且，他也确实乐在其中。所有日常生活的琐事都滚一边去吧！只要催眠师的指令不要挑战他的道德禁忌，不要超过他的底线，不要让他感到没有面子，其他都没有关系。如同艺术家安迪·沃霍尔（Andy Warhol）说过的："每个人在一生当中起码该风光一次！"

你瞧瞧，成为超人满场飞，多么威风！成为大指挥家，尽情挥洒，多么痛快！即使成为脱衣舞娘，又有什么呢，反正我被催眠了，与君同乐啊！（请注意，即使再怎么投入的人，也不会真的把身上的衣服脱个精光！）

有一次，我就看到催眠师下指令给一批人，让他们忘记自己的名字，另外给取了新名字。有些人不在乎这个，欣然接受指令，说他叫羊咩咩、喜羊羊啦，台上台下乐成一团。可是点名到老牌演员郎雄，问他叫什么名字的时候，他很客气地笔直地站起身来，回答说："对不起，父母给的名字不能改，我叫郎雄。"

所以，我们了解到，看起来在舞台上进入深度催眠的观众，可能是真的，也可能是假的，只是充分配合而已，然而无论是真的演出还是假的配合，都达到了皆大欢喜的娱乐效果。

一个好的舞台催眠师必须具备下列条件：

说话流畅，反应灵敏，熟练掌握快速诱导与瞬间催眠技巧，又权威又幽默又有演技，迅速找出高敏感度与高配合度的来宾，能编写别致有趣的催眠秀脚本。

所以，舞台催眠师一定具备精明、敏锐、机警、老于世故、幽默风趣、善于掌握现场气氛等性格特质，站在舞台上光芒四射，这样才能吸引观众参与，否则，他的舞台秀生涯早就完蛋了。

比方说，他的举手投足都能带来"笑果"，他必须敏锐地从观众的肢体语言中读出对方是否有配合的意愿，当观众的催眠敏感度或配合度不高时如何请对方下台而不会令人不悦，当催眠失败的时候如何自圆其说以维持场面热度，都需要考虑。

我在纽约上 Train the Trainer 导师课程时，还曾经听老师哈特博士谈起一则趣闻，说有位日本年轻人帮某位在日本巡回演出的舞台秀催眠师翻译，整个表演行程结束后，虽然从来没有受过正规的催眠训练，但这位年轻人是个天生的舞台人物，一握起麦克风，整个人就开始发光。他完全模仿这位舞台秀催眠师的手法，竟然也在日本掀起一阵风潮，成功地发展了他自己的催眠秀事业。后来他功成名就后，特地飞来纽约，要求哈特博士给予专业训练，哈特博士简直不敢相信有这种事，直到看到对方带来的录像带、与新力等日本各大公司高级主管的合照，才叹为观止，信了，就帮他密集特训了一个星期。

可见，即使不懂得催眠的人，只要完全模仿舞台秀催眠师的手法，也能达到娱乐大众的效果。

总体来说，催眠秀，秀肯定是真的，催眠则有真有假，它的重点在于让大家开心，让大家觉得秀很好看，至于配合演出的人是否进入催眠状态并不是关键，关键在于配合演出的人是否“配合”。

催眠秀有危险吗

几乎所有的舞台秀催眠师都会宣称催眠秀很安全，只会带来欢笑，不会造成后遗症。

一位著名的舞台秀催眠师甚至幽默地回答这类问题：“催眠对观众的危险很大，他们会因为笑得太过火而摔下椅子受伤。”

事实并非如此。

就以台湾为例，每次催眠秀热潮过后，催眠师背着厚厚的钱囊离去了，却留下相当数量的观众来到精神科、心理治疗中心求助，有的则是前往外科求诊。

在舞台上，参与者被下指令表演剧烈的动作，例如相互厮杀的两名西部枪手，他们可能在道具之间闪躲、滚爬、跳跃，如果没有足够的暖身，可能会发生肌肉扭伤。然后，在表演的过程中，由于太过投入，也有可能被碰伤、摔伤、撞伤。

如果参与者有高血压、心脏疾病，有可能剧烈运动会诱发此类病症。

如果参与者进入深度催眠，按照指令做了一些夸张的表演，事后可能会觉得丢脸、尴尬、不敢见人，而需要心理辅导。

如果参与者本身的身心状况处于精神分裂边缘，情绪不稳定，有歇斯底里症状，有可能在这个过程中失控。

常见的一种情形是催眠师植入的指令在秀结束后没有解除干净，从而产生问题。

马卡斯（F. L. Marcuse）在其著作《催眠研究——论其真实性与虚构性》中谈过一个案例，一个病人告诉医师说他被人跟踪，而实际上并没有人跟踪他，所以医师认为这可能是精神病的前兆，然而除此之外，他并没有其他症状。经过多次面谈后，终于找出真相，原来是他曾经被催眠师催眠的后果。因为催眠师为了引发他的兴趣，对他暗示说有一只凶猛的黑狗在背后追他，后来这个指令并未解除干净，多年后，他就以为有人跟踪他，以致造成心理困扰。

由于参与催眠秀的观众很多，催眠师很难保证每个人的指令都能完全解除。

我记得 1997 年电视节目《2100 全民开讲》曾经以催眠为主题，请来舞台催眠师马丁，现场给来宾做催眠。当时担任台北市“议员”的璩美凤，催眠敏感度很好，进入了第五级催眠深度，产生了幻觉，把主持人李涛当成大帅哥理查·基尔去拥抱，现场呈现出非常热闹又有趣的气氛。

拥抱一下也还好，接下来，马丁又催眠璩美凤，使其从 1 数到 10 的时候，会数不出 7。

这是属于第三或第四级的催眠深度，所以璩美凤很容易就进入了。

结果呢，第二天新闻报道，当天夜里，璩美凤回家之后，发现自己还是数不出 7 这个数字，开始惊恐了，惊恐到歇斯底里的地步。

后来是怎么收场的，我就没有看到后续报道了。

这种数不出 7 的催眠现象，其实很稀松平常，只要在节目现场催眠师说一句话就能解除了，为什么还会延续到节目散场了，人都回家了，还困在其中？实在令人不解，也对璩美凤感到很同情。

如果当时她能懂一点点催眠，也能够通过自我催眠把指令解除了。

例如在那种情况下，先让自己做几个深呼吸，然后平静地在内心对自己说："现在我会静静坐在这里，跟自己在一起，3 分钟后，当我睁开眼睛时，一切恢复正常，我也能正常数数了。"

除了没有把参与者的指令解除干净之外，另外一种情形是，没有参与表演的观众，也有一部分是高催眠敏感度的人，他们很有可能在不知不觉中也接收到某些指令，甚至连自己都没有觉察到，催眠师更不可能照顾得到。

在此举一个发生在台湾的实际例子。

1994 年年底，从美国来的催眠师汤姆帮观众催眠时，制作单位的林小姐一时好奇，让别人掌镜，自己闭眼聆听催眠，结果情绪失控，大哭大闹，汤姆也慌了手脚。

这件事情后来处理得不好，媒体慷慨激昂地报道，舆论大肆地抨击，汤姆因此提前结束了表演行程，离开台湾。

读完了以上内容，你会对催眠秀的潜伏风险有相当的认识，即使你仍然想看催眠秀，甚至参与演出，你也会比较清楚如何保护自己了。

简单小结一下，催眠秀对于参与者还是有一些风险的，如果你兴高采烈地想要 high 一下，请先补充基础催眠知识，也做好暖身。如果还懂得如何解除催眠指令，就更妥当了。

如何选择好的催眠师

国内目前没有任何法律、证照制度来规范催眠治疗，在美国，有关催眠的法律可谓杂乱无章，大多数地区都没有管制催眠的相关法令。

关于催眠的法律问题主要集中在两个部分：一个是资格的鉴定，主要是规定谁能合法地使用催眠；另一个是执照的核发，主要是规定哪些人不能使用催眠。

既然国内没有相关立法，我们就缺少一个鉴定的官方标准了。

国外也有不少人反对官方干预催眠治疗，认为政府管得越少越好，由于催眠的状况特别，所以许多地方政府就干脆放手不理。

实际上能提供催眠治疗的催眠师，大部分是心理治疗师、精神科医师，部分受过训练的社工人员、护士也会提供催眠服务，有些专科医师则利用催眠来进行止痛、麻醉，如牙医师、妇产科医师。

也常常可以在杂志、报纸广告上看见非专业背景的人提供催眠服务，他们有些人是专职的催眠治疗师，有些人则是对催眠治疗有兴趣，利用闲暇时间来助人。还有些人，这是大家要小心提防的，则是纯粹利用“神奇的催眠”来赚钱，甚至招摇撞骗。

当你想接受催眠治疗时，如何挑选一位好的催眠师？我想这是有点困难的，就好像，想要挑选一位好的律师、好的牙医、好的水电工一样，都有点不容易。有律师执照、有医师执照、有水电工操作证，都不能保证是好的，何况是处于三不管地带的催眠师。

就像买车一样，你会收集不同款式的车型，精挑细选，多方打听，而且货比三家。

所以，问问你的朋友，问问你的医师，问问咨询辅导人员，多方打听。

也许你身边没有半个认识催眠师的人，那么，上网查查数据，利用搜索引擎，输入“催眠师”3个字，不到3秒钟，大概国内的催眠师都会出现在屏幕上了。

这时，你可以从催眠师的个人介绍得知他的教育背景、专业训练，例如毕业于医学、心理学等相关科系，受过严谨的催眠治疗训练；你可以阅读他撰写的专业文章，得知他的知识水平；你可以从他的个案的回馈得知他的治疗成效。

你要特别留意，如果催眠师连文章都无法写得流畅通达，我认为你不用去找他了！因为语言就是催眠师最重要的治疗工具。

有些催眠师虽非相关科系出身，但是热心于助人工作，努力自我充实，态度真诚，技术纯熟，像这样的治疗者仍然值得推荐。

你也可以留心一下，这位催眠师执业多久了。

很多新手催眠师执业一段时间之后，会因为各种原因而停止，通常能稳定从事此项工作5年以上的，大概他的经验、技术、人品都会比较有保障了。

然后，很实际的一点是，看看他的收费标准是否具体、明确。

如果催眠师不事先告知收费方式，其中就有问题了。

再来，你就可以打电话去约个时间会面了。

如果你够敏感，从电话中你就可以收集很多这位催眠师的数据了，说不定光是从他的声音、语气你就能判断出他好不好、适不适合你，根本就不必花钱又花时间去会谈了。

注意你的情绪感受，如果你的感觉是不太舒服、不太愉快，或者说不出原因，就是觉得怪怪的，那么，相信你的感觉，就放弃吧，不要勉强自己，一定会有更适合你的催眠师。

有些催眠师名气比较大，身段比较高，在电话中你只能与助理说话，必须等预约时间到了才能见到本人。

那也很好，通常这种等级的催眠师，会有更多信息供你判断。

一旦静态数据通过你的考核了，就可以预约时间。

当你走进催眠师的地方，见到他本人，你可以从很多点判断出他是不是好的催眠师，是不是适合你。

以下提供十个判断准则供你参考：

1. 与催眠师相处时，你感到轻松吗？

2. 催眠师的地方，或许是工作室，或许是诊所，让你觉得舒服自在吗？

3. 你觉得催眠师尊重你吗？

4. 催眠师是否对你的问题感兴趣，认真搞清楚你的需求？（如果他心不在焉，也没有不厌其烦地询问细节，掌握你的问题所在，你最好另请高明。）

5. 当你说话时，催眠师是否专心倾听？

6. 催眠师对你提出来的问题，以什么样的态度回答？

7. 催眠师是否让你有开朗、乐观、充满希望的心情？

8. 当你有不懂的地方，催眠师是否有耐心回答你？（耐心不够的人，很难成为好催眠师。）

9. 催眠师是否有抽烟、喝酒的习惯？（许多人会来找催眠师戒烟、戒酒，敬业的催眠师会以身作则，烟酒不沾。）

10. 催眠师的道德操守是否值得信赖？（通常你会在封闭的空间接受催眠，如果催眠师在这一点上让你有不安全感，千万不要勉强自己。）

同时，你也可以向催眠师询问以下这些问题，看看他怎么回答。

1. 如果有需要，我可以带亲友来陪伴吗？

当然可以，正派的催眠师会欢迎你找信赖的人来陪伴你。

2. 可以录音吗？

当然可以，你可以反复聆听治疗过程，从中得到新的启发。

现在用智能手机来录音很方便，我常常提醒个案，调成飞行模式，打开录音 APP，全程录音。

3. 我的状况需要几个治疗单元可以好？

如果催眠师很明确地告诉你一次、两次或三次就会好，你反而要小心。

很多时候，太难事先估计，因为相关变量太多了。

人心太复杂了，没有保证，才是标准答案。

虽然这个答案不会让人喜欢，但是正派的催眠师会这样回答你。

4. 催眠师有没有催眠引导作品？例如催眠 CD 或催眠音频。

这样你就能在家里的时候聆听催眠引导作品来自我催眠，当作辅助治疗。

或者请催眠师推荐好的催眠引导。催眠引导的价格都会比催眠治疗便宜，而且制作精良的催眠引导确实会产生很好的效果。

5. 可以教我自我催眠吗？

好的催眠师会在催眠你的过程中，顺便就教导你自我催眠的诀窍。记住，所有的催眠都是自我催眠，在被催眠的过程中，如果你够用心，你就知道如何催眠自己了。

6. 请问你觉得我的问题在哪里？

如果你遇到催眠师有“单向思考”倾向，那就必须小心谨慎了。

我这儿所说的“单向思考”是指固定用一种模式来解决问题，例如有些催眠师会把所有的问题都导向前世；有些则把所有的起因都指向童年时代受到性侵害，然后千方百计地引导你去回忆这类经验；有些催眠师则认为所有的毛病都跟“出生创伤”（birth trauma）有关。

记住，人是非常复杂的，人生的经验很丰富，催眠师必须像福尔摩斯一样，抽丝剥茧找出问题的根源，不可预设答案再来找证据，就像医师不可以对所有的病都开同一种药。

这种“单向思考”的催眠师，往往最大的问题在于，又使他的个案产生更大的问题，需要去寻求另一位催眠师治疗。

谈到这里，让我做个总结。

要选择好的催眠师，请你先把功课做好：多读点介绍催眠的书，多了解催眠师的背景，多打听催眠师的名声，多观察催眠师的人品。然后，信赖你的直觉！你的内心深处自然会有声音告诉你答案。

最后叮咛你，别忘记观察，催眠师是否保持口腔清洁。从这点，可以窥见对方的敬业程度。因为催眠师经常会靠近你的耳朵说话，如果他的嘴巴有味道，那么无论他的催眠技巧如何出神入化，除非你自备防毒面具，不然最好快逃。

为什么我不容易被催眠

通常第一次来找我做催眠治疗的人，我会为他实施催眠敏感度的测试。

催眠敏感度（Hypnotizability）是指一个人进入催眠状态的难易程度，敏感度越高的人就越容易被催眠。

只要一个人心智正常，就能够被催眠，只是有些人必须施以反复、长时间的诱导，例如两三个小时，才能进入催眠状态，这样就超过催眠师的正常负荷了。催眠大师米尔顿·艾力克森就经常使用无聊、重复的语言，历经漫长的时间，成功地催眠了别的催眠师觉得很难催眠的人。

记得我刚从事催眠治疗不久，遇到一位催眠敏感度奇高的女个案，当我认知到这一点后，就连渐进式放松诱导也不需要，她一躺在诊疗床上，闭上眼睛，我就很简单地说："现在，当我从 1 数到 3 的时候，你就会回到一个对你影响重大的过去事件，看到清晰的画面，并且从中获得很大的帮助。"1、2、3，她就开始滔滔不绝地述说一段又一段精彩生动的故事。

像这种催眠敏感度高的人，让催眠师特别得心应手，轻松施展各种催眠技巧。初学催眠的人，最好先找到这样的人来练习，比较能建立信心。

催眠敏感度是一种十分稳定的特征，通常青春期以前最高，然后逐渐下降，年纪超过 70 岁的老人，就没那么容易了。

当然，人本来就有个体差异，在笔者撰写本文的当天下午就来了一位 70 岁的老先生，他罹患了忧郁、焦虑、恐惧三合一精神官能症，这 3 年来看了不少精神科，也吞了不少药，但是几乎没什么效果，所以死马当活马医，跑来试试催眠治疗。

原先我还不太想接收这位老先生，因为过去的经验告诉我，这把年纪的人蛮难被催眠的。没想到，给他做过敏感度测试后，发现他是高敏感度的催眠受术者，整个治疗过程行云流水，顺畅极了！

一般来说，有下面这些特质的人，他的催眠敏感度会比较高。

1. 容易放松。

2. 愿意信赖催眠师。

3. 想象力丰富。

4. 专注力高。

5. 好奇心强。

6. 智商高。

根据临床经验，我发现有修习静坐、气功、瑜伽的人，容易被催眠，因为从事这些修炼的人，比一般人更熟悉如何改变意识状态，心念的控制能力也比较好，所以有利于被催眠。

尤其是懂得停止内心对话的人，让自己进入看只是看的状态，能清晰觉察到念头来来去去，而不认同这些念头，被这些念头牵着鼻子走，于是能维持着灵台清明，来与催眠师互动，可以说是最能从催眠中获益的了。

有些人认为容易被骗的人容易被催眠，这恐怕是穿凿附会的错误看法，事实上许多社会成就高、精明能干的人很容易进入催眠状态。

倒是有些人自以为很聪明，目空一切，偏执强烈，通常都很难被催眠。

被催眠其实是一种能力，这种能力越高的人，就越能获得催眠的益处。

最后，我想厘清一个观念：

被催眠以及进入催眠状态其实是同一件事情，但是心态有微细的差异。被催眠，力度偏重在催眠师；进入催眠状态，主动性操之在我。

而所有的催眠学者都一致认同这个观点："所有的催眠，都是自我催眠。"

因此，如果一个人问：“为什么我不容易被催眠？”

这会是一种比较消极的态度，不如问：“为什么我不容易进入催眠状态？”

这样的积极提问，会更容易提升自己与觉性联结、与潜意识沟通、调动内在大智慧和大能量的宝贵能力。

我真的被催眠了吗

许多被催眠过或听过催眠引导的人，共有的一个疑问是：“我真的被催眠了吗？”

答案是：是的，你被催眠了。

那，为什么我没有感觉呢？

这是因为，一般人容易有一种先入为主的看法，以为被催眠是一种非常特殊的经验，是一种充满戏剧化的状态。例如有的人以为会陷入无意识状态，人事不省；有的人则以为会体验到强烈的感官刺激，像吃了迷幻药。我相信这种对催眠状态的不合理期待与想象，主要是来自舞台催眠秀，以及电影、小说对催眠的夸张描述。

基本上，除非到达深度催眠状态，否则，在轻度与中度的催眠状态下，当事人的意识是清醒的，有时甚至因为内心杂念平息，所以感觉上比平常更清醒。

这些怀疑自己是否被催眠的人，可能还隐藏了一个疑惑，就是如果我并没有觉得离开了现实状态，这样催眠会有效果吗？

是的，会有效！几乎所有的催眠治疗都可以在“感觉上很清醒”的催眠状态下完成。

经过这些年来的摸索，我倒也摸出几个诀窍来让人尝到“我真的被催眠了”的滋味，其间的关键归纳为三点：

其一，在自我意志不参与的状况下，体验到潜意识接管的状态。例如被催眠者在不控制、不压抑的条件下，手臂会自动举起来，身体会摇晃，食指会自行弹动来回答问题，等等。

其二，是调动自我意志，却无法克服催眠师的禁制指令。例如，下指令暗示对方，从 1 数到 10 的时候，会跳过 7，对很多人来说，是一次震撼性的经验，尤其是对那些数到 6 之后，拼命想数出 7 却数不出来的人，这会成为终生难忘的一刻。

其三，是下指令暗示被催眠者出现平常没有的能力，这会令人惊奇万分。

孕妇可以被催眠吗

中国的孕妇似乎比起西方的孕妇辛苦多了，有许多的禁忌、许多的规矩，连产后坐月子都有截然不同的方法，各有拥护者。

这些禁忌与规矩，比如产后不可洗头、洗澡，不可吹风，只能吃用酒煮的食物，简直是匪夷所思。更何况，从怀孕到生产，这漫长的 10 个月，无论身体或心理层面，本来就有许多难关，好比神话中英雄必须历经严苛的挑战与考验才能自我完成。

生理上，从一开始的害喜，到临产前挺着大肚子坐立难安，再到 10 度至痛的分娩，甚至都令男人畏怯。心理上，从初期担心胎儿是否正常，中期担心自己的身材会不会从此走样恢复不过来，临产前忧虑胎位正不正，胎儿是否能顺利出生，到产后为自己能否把婴儿照顾好而忧心如焚……据说有 30% 的产妇罹患产后抑郁症，这整个过程，的的确确是老天专为女人而设立的魔鬼训练课程啊！

孕妇可以被催眠吗？

当然可以，而且孕妇可以从催眠中获得非常大的好处。

催眠是纯粹心灵的运作，不需要服药，与药物的化学作用无关。怀孕初期，尤其前 3 个月是胎儿发育的关键期，孕妇尽量不服药，以降低畸形儿的概率。如果有些身体不适的状况，除了请医师开不影响胎儿发育的药品之外，多运用催眠来缓解症状、加快痊愈的速度、恢复健康，会是很好的方式。

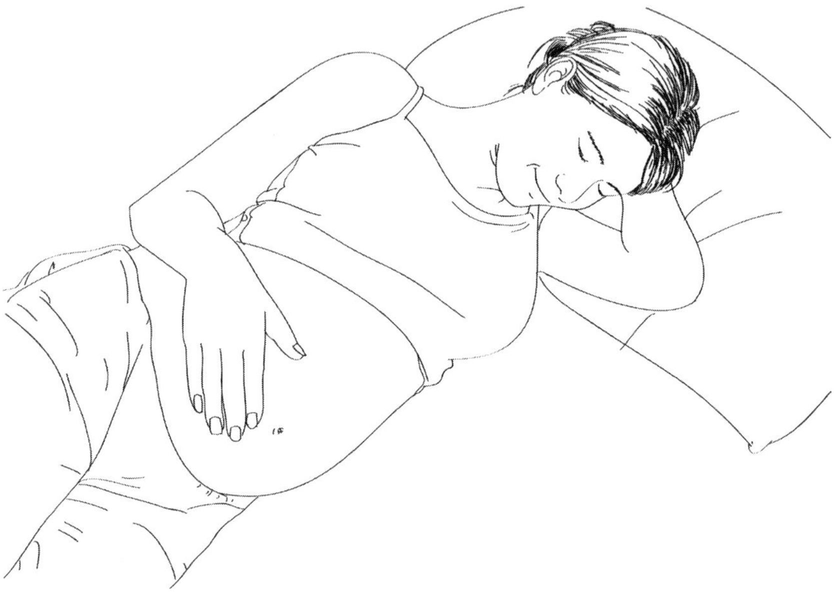

人体本身就是一座全自动的制药工厂，只要懂得催眠的技巧，就可以给潜意识下指令，发挥自我治疗的潜能，要求身体制造既不会影响胎儿又能恢复健康的天然药品。

有些医师就明确表示，所有的痊愈都是身体自我治疗，药物只是从旁协助罢了！

在分娩的时候，有些产妇对麻醉药剂过敏，所以无法进行无痛分娩，这时候，在有经验的催眠师帮助下，可以进行催眠助产。

早在 1870 年就有人做过使用催眠助产的报告，也曾经有一位精通催眠术的医师在两年中运用催眠术接生了四百个婴儿。使用催眠助产，以前在苏联也非常流行。

催眠应用在妇产科，可以使产妇放松，减少焦虑，消除恶心、腰酸背痛的症状，使药物更能发挥作用，通常生产过程可以缩短 2 到 4 个小时，生产的痛也会减轻，麻醉药的剂量可以降低 15% 到 20%，这样更可以确保母子双方的安全。

然而，现在妇产科医师懂催眠的少。

医师对看得见的药物比较有信心，对于看不见的心灵力量还所知有限。

我的个案中经常会有孕妇来求助，我深深感受到孕妇的身心负担太大了，于是立刻制作了“催眠帮你孕育好宝宝”的孕妇睡前专用催眠引导，帮助她们睡得好，保持愉悦乐观的心情，并且给予正面暗示，例如，你会生下超级可爱、人见人爱的宝宝，你的生产过程会很顺利，而且产后迅速恢复身材，甚至身材变得更好。

到目前为止，听过这个催眠引导的孕妇都给了我非常好的回馈，我也去探视过好几个可爱极了的新生儿，我自己的儿子正是最好的证明。而且，自从在大陆从事催眠教学以来，已经有不少女学员生下了每天听着催眠引导成长的宝宝，这些健康宝宝，也使我更加肯定孕妇催眠的功效。

动物能被催眠吗

常有人问我：“动物又不懂人的语言，为什么可以被催眠？”

其实这个问题就已经把答案说出来了，动物确实不会被催眠，因为它无法了解人的语言，所以，所谓的“动物催眠”并非真正的催眠。

有时我们会在电视上看到舞台秀的催眠师表演“动物催眠”，对象一般是兔子、鸡，经过催眠师一番操弄后，可能是对着它的耳朵低语几句，或将它的身体翻滚摆弄，或凝视它的眼睛，或者掐紧它的颈动脉，然后动物进入一种静止不动的状态，任催眠师怎么逗它、玩它，都不会再活动了。

学术界一般会用“装死”“僵直性反应”来形容这种现象，但是真正的原因是什么，还有待更多的研究。

按照催眠的基本定义，通过特定的刺激，进入高度可接受暗示的意识状态，如果真的有所谓的“动物催眠”，动物应该可以接受指令，除了静止不动之外，也会有更多的表现，例如要鸡啼鸡就啼，要兔子跳兔子就跳，但是显然这是办不到的。

以前我应邀上电视示范催眠时，也曾有制作单位要求我表演“动物催眠”，虽然我再三对制作单位解释，对方还是希望我一边对观众解释“动物催眠”的真相，一边示范如何让兔子静止不动。遗憾的是，即使我对制作单位送来的兔子哀求了半天，它还是活蹦乱跳，大概是我不够凶悍，无法惊吓它，制作单位只好痛失一次可以吸引观众的题材。

我这懂催眠的人，不会催眠兔子，不过不懂催眠的人却会催眠鸡，下面这篇摘录的报道应该可以让你对所谓的“动物催眠”有更多的认识。

请参考1991年2月13日《联合报》的这一则新闻。

小朋友用餐就为看“表演”　李宗卫说和鸡为伍　只是善用其习性而已

记者林伟民／台南报道

曾在台南市安南区担任过里长的李宗卫两年多前才转业开养鸡场，并在台南机场对面开设“台南鸡场”，在鸡场内设置“停鸡坪”“售票处”等处所外，还常即兴在鸡场内表演他的“催眠术”。

李宗卫为鸡“催眠”的过程很简单，只见他对着手中的鸡轻声细语一番，鸡会慢慢平静下来，然后任由他摆布地站或趴在桌子上，动也不动，让人称奇。初见表演的小朋友看得目瞪口呆，还有小朋友要求父母将自己带到台南鸡场用餐，为的就是看“催眠术”，非得先看表演才肯吃饭。

对于这套“小把戏”会如此叫座，李宗卫也感到意外，喜欢动物的他表示，其实并未学过真正的“催眠术”，只是两年多来为了照顾鸡，成天和鸡在一起，仔细观察过鸡的生活习惯，善加运用其习性而已。

读到这里，我想读者可以充分理解到，“动物催眠”是动物学的领域，不是催眠学的范畴。

如果读者真的想学几招“动物催眠”的手法，来娱乐你的亲朋好友，网络上可以找到很多教你“如何催眠鳄鱼、兔子、青蛙、蜥蜴、鸡、鸟”的资料噢！

催眠有哪些副作用

每次演讲时，这也是常被问到的问题。

我大概会故意严肃地说：“是的，催眠有很大的副作用，你们要非常小心，不要随便接受催眠，免得催眠太舒服了，以后天天都想被催眠！”

呵呵！催眠是这么轻松、舒适，理当多多益善啊。

但是，凡事都需谨慎，有时连喝水都会呛到，催眠自然也不例外。虽然在正常状况下，催眠很好，可是催眠师若疏忽了，还是可能造成副作用的。

首先，结束催眠时，催眠师必须严格地确认某些指令完全解除。

例如有时做催眠敏感度测试时，我会下指令让个案忘掉数字 7，结束后，我都会请对方再数一次，等确认无误后，才会让他离去。

至于舞台催眠秀，更是要特别谨慎，因为催眠表演必然给予许多纯粹娱乐性质的指令，千万不可在落幕之后还遗留在参与者的潜意识里。

其次，催眠师给予指令时，必须精准。

例如，你对个案说：“从今天起，只要你一听到弹指头的声音，就会把头垂下，立刻进入很深的催眠状态。”这个指令乍听之下，似乎没有问题，其实不然，因为不严谨。万一是在社交场合，听到有人弹指头，他就头一垂，人事不省了，怎么办？这会造成很大的困扰。所以，你最好这样说：“从今天起，在我的咨询室里，听到我弹指头的声音，就会把头垂下，立刻进入很深的催眠状态。”

最后，催眠固然有许多功能，但不要无限上纲为万灵丹，仍然要知道事情的成就需要许多条件配合，不要迷信催眠，不要误用催眠，也不要滥用催眠。

催眠是一个非常有用的工具，但你要懂得正确使用这个工具，别拿斧头当水果刀削苹果皮，那就可惜了催眠。

催眠的五大心法与五大要素、敏感度

催眠的五大心法

一个人如果没有了灵魂，就只是一具能够行走的躯壳。

催眠如果没有心法，没有根本内涵，那就只是催眠术，而不能成为催眠之道。

只有术，而没有道，催眠将只是一门技术，而不是一门艺术。

以前我在读心理学时，常常听到学长们慨叹：现在的社会学没有人，心理学没有心！意思是指社会学要以人为本，数据不能篡位成主角；而心理学则要走进内心，不要只研究表面的行为。

作为一门学术，催眠学也要有灵魂。

专注而放松

催眠学的灵魂在于，催眠状态的本质是什么？

就像我先前提过，催眠状态有很多种，但是，好质量的催眠状态是专注而放松！

我们要把焦点放在这里：好质量的催眠状态是专注而放松！

专注而放松就像是中央车站，到了这里，交通四通八达，你就可以去任何地方了。

唯有当人们处于专注而放松的状态时，生命才是真实不虚的存在。

唯有当人们处于专注而放松的状态时，才能发挥最好的能力。

专注而放松是我们本有的能力，只要你提醒自己，就会进入这种状态。

这种状态，你不需要额外去培养，你所需要做的只是认知到它的存在。

一旦你认知了什么是专注而放松，你就能随时依照意愿进入这种状态。

为什么专注与放松要并列在一起？只是专注不行吗？只是放松不行吗？为什么偏偏要专注而放松？

只有专注而没有放松，会紧绷，心是揪紧的，能量快速流失，容易疲劳。

只有放松而没有专注，容易昏沉，容易陷入纷纷而来的念头，沉浸在不受控制的想象中。

从修行的角度来看，专注而放松就是一种保持觉知的状态，也就是活在当下。

保持明镜之心

如果你能让你的心像一面明亮洁净的镜子，你就能映照外界事物以及心中来来去去的思绪。

如果你的心是蒙尘的镜子，那么你什么也看不清楚。

《庄子 · 应帝王》有一段非常好的文字，是观心、静心、保持觉知的指导原则——“至人之用心若镜，不将不迎，应而不藏，故能胜物而不伤”。

修炼到最高境界的人，是怎么运用他的心的呢？

就像一面镜子，镜子是永恒观照着内外一切现象，现象发生了，镜子就映照，不会隐藏起来，对于一切的发生，既不去迎接，也不去送别，所以容纳万事万物而不会受到伤害。

我在授课时，会让学员练习“保持明镜之心”，无论五官感受到了哪些外界的事物，无论内心浮现了什么样的感觉、情绪、想法，都只是像一面镜子映照着。

这是一个很重要的练习，能帮助学员很快体会到，我们的心有一种观照一切而不执着的能力。

体验到这一点之后，无论是引导其进行心理治疗，还是各种应用催眠的项目，都能事半功倍。

尤其是如果你面对的是内在有严重创伤的人，没有经过“明镜之心”的练习，就要引导他去回顾心路历程，将会是一种无意义的酷刑。如果受术者能够保持明镜之心来回溯事件始末，那么，不但能大幅减轻痛苦，也能产生真正的治疗效果。

“明镜之心”练习

引导受术者进入催眠状态后，让他睁开眼睛，起来走动，无论看到什么、听到什么、闻到什么，都看着这些感官感受流过他的心头，没有任何分析、思考，只是看着不断变化的感受流过去，让自己的心就像镜子一样，单纯映照出世界的模样。

要求他看见自己的心里面有很多惯性反应，例如忍不住会命名、忍不住会联想、忍不住会有相应的情绪感受，让他看着这一切发生，不必刻意阻止，不必刻意助长，只要像镜子一样，看着感官感受流过他的心头，看着心里自动升起何种反应，然后，这一切又纷纷消失……

以完全无为的状态，什么都不做，只是看着这一切进行。

这个练习，也很适合团体活动，我在带催眠课程时，经常让大家站起来走动，一边走动，一边看四周景物，一边观察自己的心是如何运作的。

看只是看

催眠治疗的最高指导原则，只有一条：引导受术者看见真相。

看见真相是唯一的治疗之路。

然而普遍来说，人们缺乏看见真相的能力，只有少数人拥有。

看见真相并不是轻而易举的，需要穿透好多层面纱，以下容我一层一层拆卸下来。

第一层，语言、概念不等于真相。

一位禅师坐在玫瑰花前，凝视良久，心神愉悦。

弟子问他：“师父，您在看什么？”

他说：“我在看玫瑰花啊。”

弟子说：“师父，玫瑰花有什么好看的，看那么久？”

他说：“因为很美，所以越看越欢喜。你也一起来看吧。”

于是弟子也站在师父身旁目不转睛地看着玫瑰花。

良久，师父问：“你在看什么？”

弟子说：“我在看玫瑰花啊。”

师父笑问：“你是在看这朵玫瑰花，还是在看‘玫瑰花’这个名词？”

这个小故事显示的是，人们往往只是将语言、概念投射在事物之上，而非看见事物的本来面目。

第二层，未清理的心理阴影会遮掩真相。

曾经被狗咬过的人，即使看到驯良的宠物狗也可能心生惊恐。

曾经在暗夜被强暴的女性，到了夜里会开始不安，无法感受夜的宁静。

恩怨情仇未解的人，当你看到对方时，你很难看到真实的对方，而只看到恩怨情仇。

我曾经遇过一位个案不敢走有红绿灯的路口，他连红绿灯标志都不敢直视。因为红绿灯联结着以前的一段伤心往事，为了怕痛苦的感觉浮现，他发展出一种不看红绿灯过马路的怪异行为。

第三层，没有满足的欲望会污染认知。

《列子》里有一个精彩的故事：

“昔齐人有欲金者，清旦衣冠而之市，适鬻金者之所，因攫其金而去。吏捕得之，问曰：‘人皆在焉，子攫人之金何？’对曰：‘取金之时，不见人，徒见金！’”

一个想黄金想得饥渴欲狂的人，他眼中就只有黄金没有人了。

第四层，先入为主的成见、预设立场会扭曲真相。

我很喜欢一个笑话，觉得也是非常经典，完美诠释了成见如何扭曲真相。

有一个女人怀疑先生有外遇，于是，她花费所有精力来寻找证据。

有时候发现一根长头发就开始哭，认为先生爱上了一个长头发的美女。

有时候发现一根短发，也会哭，认为先生又换了一个相好。

先生不堪其扰，洁身自爱到无以复加的地步，终于，太太什么都找不到了。

于是太太大哭说：“天哪！没想到你连秃头的女人都要了……”

再举一个心理学史上的经典案例。

弗洛伊德这位一代大师，他的精神分析理论影响至今，但是他的弟子后来纷纷自立门户，开创出有别于他的心理理论，其中一个关键是弗洛伊德有一种“泛性论”的倾向——一切都是性引起的。在他看来，所有的梦境都跟性有关，人类的文学、音乐、绘画等艺术创作都变成了性驱力的升华，甚至他后来放弃在治疗中使用催眠也是因为他担心催眠会诱发受术者的情欲，而这点会让他很不自在。

这使得很多学者不得不怀疑，是否早年的创伤影响了他？

他 4 岁时，照顾他的女仆常常来挑逗他，成为他的“第一位情欲的启蒙者”，以至于日后他形容这位女仆是他这一生“问题的始作俑者”。

如果真是如此，这位女仆也间接影响了一整个世纪无数接受精神分析的个案。

第五层，自我太过敏感，或过于脆弱，会不自觉逃避真相。

心智正常的人在面对自己的问题时，虽然会不舒服，但还能承认自己是有问题的，愿意去面对。

有一部分人则是自我太过敏感，或过于脆弱，一遇到自己有问题的时候，会立刻保护自我，运用各种招式来证明自己没有问题。

例如，别人指出他情绪失控，他会说：“不要阻止我表达真实感受！”

或者，别人指出他的问题，他会说：“你的问题比我还严重，没有资格说我。”

或者，因为他而把事情搞砸了，他会说：“事情完成需要团队密切配合，有人嫉妒我，暗中搞破坏，就算诸葛亮来也做不起来！”

为了保护那脆弱的自我，只好否定真实、自我欺骗，心理防卫机制里的合理化作用、投射作用、反向作用等也可以归入这一层。

第六层，自动浮现的念头会使我们分心。

我们的大脑神经网络随时都在放电，时时刻刻都在产生各种念头，犹如相续不断的瀑布流。

你可以尝试跟自己说："我现在要心无杂念地看着眼前之境！"然后专心地看，看看你能维持多久完全没有杂念。

最正常的情形是，不用超过一秒钟，就有各种杂念乒乒乓乓跳来跳去了！

你的注意力会飘动、游离，你会忍不住去追逐那些念头，直到一段时间后才忽然发现自己脱离眼前之境，而被杂念卷走了。

如果人的本质就是妄想纷飞，如何能如实看见真相呢？

看只是看，就是指单纯地看、纯粹地看，就只是看见真相，不要被杂念分心，不要被欲望污染，不要被成见迷惑，不要被心理阴影遮掩，也不要被言语、概念蒙蔽。

即使是锻炼多年的禅修者，也会不自觉地掉入妄想纷飞之中，但只要提起正念，当下要求自己看只是看，就能立刻恢复保持觉知的意识状态。

我非常重视"看只是看"的训练，因为它能培养学员看见真相的能力。

停止内在对话

我们的头脑，大自然把它设计成一个复杂的神经网络，其中有数以亿计的神经联结，时时刻刻都在放电，各种化学电位信号像天上繁星一般闪烁发光。于是，我们感受到的是脑海里始终处于各种念头、思绪、感觉此起彼伏的状态，犹如浪潮来来去去，永无休止。

有时候，你会察觉到脑海里自己絮絮叨叨地说着念着；有时候，好几个声音此起彼伏；有时候，你想专注在某一件事情上，但却有一组自动冒出来的杂念在扯你后腿。

这些都不是你主动操控的思绪，而往往你会不自觉地被这些带着跑偏了，分心了。

这种妄念纷飞的状态，被称为"内在对话"，想要让心灵澄静下来，就要锻炼“停止内在对话”的内功。

停止内在对话之后，你才能听见内心真实的声音。

停止内在对话之后，你才能看见自己的心理运作模式。

停止内在对话就是斩断妄念之流，它的方法很简单。

首先，先觉察此刻心中浮现的是什么。通常你会发现都是些不受控制的、自来自去的念头。

然后，你只要在心里喊一声“停——”，瞬间就会一切静止。你会享受到片刻的宁静。这份宁静也许不会很久，但只要你再度觉察到自己又妄想纷飞了，你再喊一声“停——”就行了。

你越常记得对妄念喊停，就越能享受到多次持久的宁静。

有一种形容方式，形容这种情形为“女教师效应”。

当过小学生的人应该都有这种经验，上课铃已经响了，同学们还在大声或小声说话，教室内声波骚动，嗡嗡作响，忽然间，女教师进门了，就在女教师现身教室内的一瞬间，所有谈话立即停止，绝对寂静，仿佛连自己的心跳都能听见了。

也就是说，援引内在的觉知力量，来对妄想喊停，会像“女教师效应”一样，让你的心当下安静下来。

“停止内在对话”是一个很重要的练习，你可以在任何地方、任何时候锻炼。

“停止内在对话”还有另外一种很好用的技巧，我称之为“猎捕下一个念头”。

就是你提起正念，保持觉知，然后观察看看，下一个内心浮现的念头是什么。

当你起心动念要观察下一个念头时，很奇妙地，你的心也会呈现片刻的寂静。要过好一会儿，自行发生的念头才会冒出头来。

我常常在睡前做这个练习，玩着玩着，然后带着宁静的心入眠。

无我

自我是一个幻觉，一个虚构的存在。

在人类历史上，释迦牟尼佛拥有崇高的地位，原因在于他的划时代贡献，他的原创性发现：无我。

佛陀用五蕴来解释自我感是如何产生的，自我感就是由色、受、想、行、识的运作组合而来的。自我并非真实的存在，而是一个运作过程中的幻象。

可惜这个伟大的发现非常违反人性，违反人类的惯性认知模式。活在自我幻觉中的人，无法通过自我来发现无我。这个道理很像古代禅师说的，贼喊捉贼。自我累积的学问、见解越多，反而开悟的知识障就越严重。

一旦人们机缘成熟之时，在电光石火灵机一闪之际，看清楚了自我就像火焰，是因为燃烧而有的视觉现象，并非实体，体悟到无我才是真相时，这就是最基本的开悟。

为什么？开悟者最多会说“大事已明”，不会说“我开悟了”。

因为了悟自我是不存在的人，当然就明白没有一个我可以开悟。

会宣称自己开悟的，还是那个虚构的、作怪的自我。

“我开悟了”其实是一句妄语。

开悟的一瞬间，才会明白，自我是不存在的，无法可修，无果可证，无上正等正觉也只是哄哄小孩的糖果。

自我是有形世界的虚假中心，看破它的虚假之后，无我成为一扇通往真我的大门。

当一个人体悟无我之后，真我开始为其现身。

自我是狭隘的、有限的，真我则是广大的、无边际的。

体悟到无我之后，回头一看，才会发现，原来自我也是大有用途的。

虽然无我是真相，但是在世间行走，自我还是一个必要的有用的工具，这时候，你就可以运用无我之我来与世界应对。

修行到返璞归真的人，只是以无我之我来过着平常生活。

如果你是被催眠者，无我可以帮助你进入更深更广的内在世界。

你放下自我，把一切托付给潜意识，让内在智慧来引领，反而能进入更好的意识状态。

你只要停止自我紧缩，让原本坚实的自我感松开，坦坦然，悠悠然，自我站一旁去，觉知天然做主，犹如顺水而流的一片红叶，毫不费力地向天际流去。

无论是廖氏内在觉知七种深度的第五种内在导航、第六种超个人层次的超常现象，还是第七种高等智慧显现，一旦进入这些状态，就会发生非常美妙的事情。

无我也是催眠治疗能发挥彻底功效的那把金钥匙。

所有的痛苦都悬挂在虚拟的自我之上。一旦发现这个挂钩根本就不存在，那些痛苦也会因为无处攀附而自然消解。

痛苦与自我常常是一种恶的循环：越痛苦，自我感就越强；自我感越强，痛苦就越大。所以活在痛苦中的人很难从这个旋涡里脱身而出。

如果能直接命中核心，干净利落地把自我从旋涡之中拿掉，旋涡将会消失无踪，痛苦也将转化为喜悦。

如果你是催眠师，无我会帮助你成为更好的催眠师。

凡是以自我来进行催眠诱导、催眠治疗的，都是小术也。

以比喻来说，自我的见识与能量就像一个小电池，解决一点小问题是可以的，推动一些小事情也是可以的，但是缺乏高等智慧、高等能量，遇到大事情、大问题，自我就需要退位，进入无我状态，以无我之我来面对，这样才能变身为电容量无限的超级电池模式。

无我的催眠师，才能成为大催眠师。

所以，最理想的催眠，乃是由无我的催眠师来协助无我的被催眠者，双方协力合作，进入好质量的催眠状态后，与高层潜意识联机，则无事不办矣。

催眠的五大要素

有许多方法可以使人进入催眠状态，引发潜意识的力量，综合起来，可以归纳成五大要素，学习催眠的人只要能对这五大要素心领神会，很快就能窥见催眠的精髓了。

这五大要素分别是：专注、放松、深呼吸、想象、暗示。

专注，是指集中注意力，聚焦于你的目标，不会被内在杂念分神，不会被外在信息干扰。

这个部分，我会在“催眠心法”中介绍更多。

放松，是指身体与心理都放松，没有肌肉紧绷，心情宁静，情绪稳定，没有强迫念头。大部分时候，人都处于身体紧绷的状态，从修行的观点看，这是人的能量之所以会流失的一大原因。

深呼吸，是一种有意识的呼吸，有别于呼吸中枢神经所控制的一般呼吸。

当我们开始刻意地深呼吸，血液的含氧量会提升，脑波频率开始降低，意识状态也会跟着改变。

想象，则是一种力量庞大的心灵运作方式，更能接通潜意识的源头，在现代人类文明中还没有受到足够的重视，一般的教育体系很少着墨于开发学生的想象力，有时甚至以斫害学生的想象力为能事。

懂得活用想象力的话，往往能做到理智思维认定是不可能的事情。

语言本身具有的力量远超过一般人的常识认知，各种古老的宗教都发展出具有法力的咒语，从这个事实中就知道很早之前智慧的古人就发觉到语言的神奇力量。

暗示，就是活用语言的力量，一句时机恰到好处的话，就可以治好个案的病，包括心理与生理层面。

在日常生活中，人们常常漫不经心地用负面的语言彼此攻击，最后的结果就是使医院人潮涌动，真是可惜了。

如何深度放松

有段时间，一位上市公司的专业经理人经过一个治疗单元，克服了公众演讲恐惧后，仍然固定每周来一次，而且每次听完催眠引导后，就深深地睡了，睡得很熟，熟到鼾声大作，我唯有避至咨询室外，等时间到了再进去唤醒他。

一两次后，我笑问："每次来都在睡觉，还来干吗？"

他也笑着回答："你不知道被你催眠之后，我睡得多好吗？这样睡一觉后，所有的压力都没有了！"

在催眠中因为比平常放松很多，不知不觉就睡着了，这样的情形屡见不鲜。很多人在聆听我制作的催眠 CD、催眠录音带时，尤其是夜里听的时候，几乎一放松后就入睡了。以至于我不得不针对这种状况，而特别研发睡前专用的催眠 CD，例如"催眠帮你孕育好宝宝""催眠帮你睡好美容觉""催眠帮你轻松减肥"，免得因为睡着了，催眠 CD 的效果不能百分之百发挥。

的确，催眠是一种很有效的帮助人放松的方法。

反过来也可以说，放松是进入催眠状态的关键因素。

通常不能被催眠的人，很大的原因在于他不懂得怎么放松。

我们可以肯定地说，放松是一种能力，这种能力是人人必备的基本技能。

当人身体放松了，心情也会立即跟着放松，就很容易进入 α 脑波状态，感受到宁静、安详、喜悦、自信、光明、希望。

常常练习静坐、气功、瑜伽、武术、自我催眠的人，比较懂得放松的技巧与心法，所以抗压性高，比较能正面、乐观地看事情，也比较有活力、创造力与生产力。

多年前，纽约电话公司有超过 150 名员工学习放松的技巧，5 个月后就看到显著的效果，他们的焦虑、失眠普遍降低，有高血压毛病的人减少，戒烟、减肥的成功率变高，也变得更快乐、满足。连带的，他们的工作表现变得更好。

以下我们简单介绍最常用的渐进式放松法。

无论你是站着或坐着、躺着，都可以有意识地放松全身的肌肉。

你可以从头开始，逐一放松各个部位的肌肉，直到脚底。也可以反方向从脚部肌肉开始放松，直到头顶。

一般来说，我引导个案放松肌肉时，会依照下列顺序进行：

头顶、额头、耳朵、脸颊、下巴、脖子、喉咙、肩膀、左手、右手、胸部、背部、腹部、左腿、右腿。

有些人经过这样的程序就很放松了，有些人则需要更进一步的细部分解，例如脸部的肌肉再分成左脸颊、右脸颊、上眼皮、下眼皮、上嘴唇、下嘴唇、舌头等等。又如，单纯的“放松你的手掌”，可以再分解成“放松你的手心、手背、大拇指、食指、中指、无名指、小指”。

在人体的部位中，有几个部位是放松的关键，尤其是下巴与肩膀，如果你能确定下巴、肩膀已经放松，通常就差不多了。

有的时候，光是放松还不足以产生放松效果，这时可以用一紧一松的对照法，你就能够轻易感受到放松。

譬如说，我会告诉对方：“现在把你的嘴巴像狮子大开口一样张到极点，感受嘴巴绷紧的滋味……好，现在放松，嘴巴恢复原状……”这样反复三遍后，口腔一带的肌肉就充分放松了。

像手、腿也一样，我会说：“现在把你的双拳用最大的力气握紧，好像谁也不能把你的拳头掰开！等你握到极点时，就松开你的拳头，你会感到手臂完全放松了。”这样反复三次，手臂就会非常放松。

这种一紧一松的放松技巧常常能让那些自认为很难放松的人也可以体会到放松的快乐。

熟悉这种程序的人，可以在闭上眼睛 3 分钟后，就让全身的肌肉都放松。

这样一来，你就可以利用短短的 3 分钟时间使全身放松，进而转变你的心理状态。

深呼吸

一般成人的呼吸都很浅，呼吸的效率不高，每次呼吸时，吸进来的氧气量与排出去的二氧化碳量，都远小于运用到横膈膜的腹式呼吸。

婴儿的呼吸与成人不一样，深沉、平稳又缓慢，而且婴儿不是用胸腔呼吸，而是用腹式呼吸。

婴儿用腹式呼吸，因为婴儿比成人更能觉察到生命的源头是腹部，在生命最开始的阶段，胎儿通过脐带与母亲的生命联结成一体。

许多医学研究证明了当习惯于胸腔呼吸的人向婴儿学习，改成横膈膜呼吸后，心脏机能增强，血压降低，头痛、疲劳减轻。

这个道理其实是很简单易懂的，因为血液循环的重要功能之一，就是将氧气从呼吸系统输送到全身的器官、组织，如果呼吸时吸入的氧气量不够，血液就必须加速循环来补足身体所需的氧气量，如此一来，心脏的负担会加重，血压也会跟着上升。

当我们开始深呼吸，持续一段时间后，不但血液的含氧量提高，脑部的化学分泌也跟着改变，例如脑啡的分泌就增多，这种物质可以使人感到愉悦、幸福，增强忍耐疼痛的能力。

而且，我们的脑波会开始改变，进入更为轻松、舒服、深沉的意识状态。

坊间有许多机构举办呼吸工作坊，光是运用改变呼吸节奏的技巧，就可以引导人们进入不同的意识频道，而产生再度体验出生过程、回忆前世、释放情绪压抑等效果。

一个简单的深呼吸技巧是这样的：深深吐气，缓缓吐气，充分体会吐气时空气从体内经过气管、鼻腔流出去的感觉，感受胸部、腹部缩小，直到完全吐完空气为止。这时，轻轻闭气一会儿，同时感受这个不吸不吐的宁静，然后再度开始吸气。吸气的时候，体会空气流过鼻腔、气管进入肺部的感觉，感受胸部、腹部的膨胀。当吸气吸到饱和点时，轻轻闭气一会儿，跟刚刚一样感受这个不吸不吐的宁静，然后再度开始吐气，展开新的一次深呼吸。

深呼吸总是从吐气开始，你要先把旧的空气吐掉，然后才能吸收新的空气。

所以整个节奏是：吐气，停止；吸气，停止。接着，再反复进行。

在做深呼吸的时候，记住脊椎骨保持正直，不必刻意用力，恰到好处的力道即可。

如果能在空气新鲜的地方深呼吸，例如山上、森林里、海边、草地上，你更可以感受到深呼吸的好处。

我自己在疲累的时候，一旦觉察到了，我会放下万缘，专心做几个深呼吸，很快，会开始流眼泪、打哈欠，全身的皮肤仿佛流过电流般很微细地震动起来，等到深呼吸结束后，立刻感受到眼睛舒服多了，精神、体力都好像灯泡通上电流，开始发亮了。

想象

很少有人警觉到想象对我们的人生影响有多大！

大多数人的痛苦其实来自想象，而不是实际的问题。

如果我们懂得将想象力运用于正面积极的方向，不再浪掷于负面消极的方向，我们就能成为茫茫人海中的精英之精英。

有很长的一段时间，由理性逻辑统治的主流社会观点总是把想象贬低为虚幻不实的，但是越来越多的心理学、医学研究发现，想象是远比理性思维更有力量的一种“超越性思维”，是通往内在更深智慧的直达车。

爱因斯坦曾说过：“想象比知识更重要！”

这位 20 世纪最伟大的科学家，比大多数人更了解宇宙的真相光是凭借理性逻辑是无法勘破的。他能够深深投入白日梦，以直观来接收隐秘莫显的真理，所以他能超越物质世界的表相，发现相对论。爱因斯坦的科学成就，最令人赞叹的地方并非那些数学计算、公式推演，而在于相对论违反人类惯性的知觉方式，所以他的理论刚刚问世的时候，许多当代成名的大科学家还嗤之以鼻，视之为马上会被时代淘汰的无稽之谈。

熟悉爱因斯坦的人，不仅认为他是科学家，还视他为艺术家，他的伟大发明不是来自科学实验，而是来自直觉。爱因斯坦推崇想象是创造力的源头，就他的例子来说，这种创造力整个改变了人类看宇宙的观点。

请读者特别留意，想象可以调动高等心智的力量！

想象是一种比逻辑思考还更为高等的心智运作方式。

在我的临床治疗经验中，深深感觉到想象力丰富的人乃是天之骄子，他们不但容易进入催眠状态，而且能在催眠中自编自导出精彩生动、令人艳羡的剧情；最棒的是，结束催眠后，治疗效果绝佳。

因此，在测试催眠敏感度时，想象力是其中重要的一环。

像柠檬测试、手臂上浮测试、双手冷热测试，都与想象有关。

想象也很适合作为补充能量的方式。

常常在一个小时的催眠治疗结束时，个案可能哭得死去活来，或者释放了大量愤怒、哀伤的情绪，我会引导他补充能量，再结束催眠，他就能整个人焕然一新。

有的时候，我会引导个案想象自己躺在沙滩上，太阳光从蓝天上照下来，他全身每一寸皮肤都在吸收阳光的能量。由于阳光是太阳系中最重要的能量来源，地球上的生命全部仰赖它，所以这个引导几乎适用于每一个人。

在我制作的催眠 CD 里，结束催眠之前，我则使用水晶来引导，获得非常多使用者正面的回响。

现在，深呼吸，在你的眼前，出现一颗巨大的水晶球，这颗水晶球清澈透明漂亮，从它身上放出柔和舒服的能量，把你包围住了，水晶球源源不断地为你补充无穷的能量，深呼吸，你就像正在充电的蓄电池，尽情吸收来自水晶球的无穷的能量，使你的精力越来越充沛、越来越旺盛……

有位催眠CD使用者就在我的网站留言板写道："老师的话一说完，一颗水晶球就出现在眼前的虚空中，我立刻感受到水晶球散发出清凉的能量，射进我的心里，全身开始震动起来，说不出有多么舒服……"

像这样的实例太多了，使我对这一点非常肯定。

想象力够好的人，光是专心想象眼前有一颗水晶球或太阳源源不绝地送来能量，就会感觉到身心进入一种特殊状态，如果用气功的术语，那就是进入"功态"了。

更进一步的话，还能够运用想象把这股能量输送到特定的部位，那就能产生治病的效果了。

开发你的想象力，善用你的想象力，不但能帮助你更容易进入催眠，也能帮助你掌握人人本就具有的巨大潜能。

一旦巨大潜能发挥出来，再难的问题也能迎刃而解。

暗示

在中文里，用"暗示"这个词其实有点不通，因为催眠师都是把话讲得很白，例如说："从今天起，你会一天比一天更好！"这哪里是暗示，根本就是明示！

也不知道从什么时候开始，大家都这么用，算是约定俗成吧！

在更高级的催眠技巧中，倒是常常把指令镶嵌在被催眠者没有注意到的地方，直接输入个案的潜意识，这时称为暗示也算合理。

暗示（Suggestion）可以分成初级暗示（Primary Suggestion）与次级暗示（Secondary Suggestion）两种。

所有引导被催眠者进入催眠状态所下的指令，都称为初级暗示。

进入催眠状态之后，根据不同的目的而给予的指令，则称为次级暗示。

无论是哪种暗示，它的重要性在于给巨大的心灵力量一个明确的方向，让它去发挥！

像人们常常在日常生活中抱怨，述说自己悲惨的遭遇；像反复播放的录音带，不但没有治疗效果，还污染了别人的情绪。可是在催眠中，只要催眠师说："我要请你把那些对你有负面影响的事情说出来，说出来以后，你的身心就会轻松舒服。"只是给他一个暗示、一个方向，他说的话跟平常一模一样，可是，治疗效果就出现了。

学习催眠的人，明白了暗示对人具有影响之后，会非常小心地说话，注意自己所使用的语言，并且善用正面语言的力量来帮助人，因为，很可能你的一句话就会改变别人一生。

催眠敏感度测试

测试你的催眠敏感度

当个案来寻求催眠治疗时，除了在初诊的时候询问背景资料之外，最重要的就是评估个案是否能从催眠治疗中获益，这就有赖于催眠敏感度的测试。

在英文里面有两个词——Hypnotizability 与 Suggestibility 跟催眠敏感度有关。

Hypnotizability 是指被催眠的能力，或者说，进入催眠状态的能力。

Suggestibility 是指接受暗示的能力。

因此，有人把催眠敏感度分成初级敏感度（Primary Suggestibility）与次级敏感度（Secondary Suggestibility），前者是指能接受进入催眠状态的暗示的能力，后者是指进入催眠状态之后的接受暗示能力，例如催眠后暗示、观想白光的暗示等。

一般来说，在中文的语境里可以单纯使用催眠敏感度来涵盖这些现象，在进行更细腻的讨论时才有必要区分来看待。

经过长期的实务经验，我发现催眠敏感度的测试可以非常有效地预测个案接受催眠治疗的成果。

我非常反对催眠师在尚未经过敏感度测试时就径行催眠个案，这是一种过度自信的愚行。因为经过敏感度测试，催眠师能够得知非常多的信息，从而大大有助于催眠的实施。

例如，从敏感度测试可以得知个案偏好哪种引导技巧，知道个案的想象力、专注力，知道个案的信赖程度，知道个案对催眠是否有不合理的期待，等等。

进行敏感度测试时，可以减少受术者的恐惧和焦虑，在正式催眠前建立信任关系（rapport），并且让对方了解：一、绝对不会因为被催眠而无法醒来；二、受术者不会因为催眠而泄露私人秘密，例如私房钱、存款密码，对于个人隐私，他可以在催眠中持有说与不说的决定权。

同时，在实施敏感度测试时，可以视之为正式催眠的暖身，也可以植入指令，使正式催眠更加容易与深入。有时候，甚至在测试时，因为到达了良好的催眠状态，我就直接开始治疗了。

总之，敏感度测试至少有四个目的：

一、个案的分类：催眠师可借此评估个案是否容易被催眠。

二、当作正式催眠前的暖身，个案可以借此减少恐惧与不安。

三、提供线索：根据个案的反应，催眠师可选择合适的诱导催眠方式。

四、视情况需要，有时可以从催眠测试直接转至实际的催眠治疗。

有些人听到你说“我们来做个敏感度测试”，他会兴致勃勃，全身都带劲。有些人听到“测试”这两个字时反而不安、焦虑，结果就会表现不佳。催眠师要很敏锐地觉察这些不喜欢“测试”的人，避免使用这种字眼，改用“让我们来做些很好玩的事情”，来制造轻松的气氛，使他们容易被催眠。

在想象力的测试方面，我通常使用舌尖柠檬测试、手臂上浮测试、双手冷热测试、苹果观想测试、双手扣紧测试。

通常个案能通过这些测试，都代表催眠治疗对他们可以产生效用。

为了测试个案的敏感度到底好到什么程度，能够到达多深的催眠深度，我还会用不同的测试来确认。

以阿朗斯（Arons）的六种深度为标准，当个案通过眼皮发黏测试、肢体僵直测试时，他就是“第三级深度受术者”。

当个案通过“数数测试”，产生失忆现象，例如从 1 数到 10，会数不出其中某个数字时，他就是“第四级深度受术者”。

当个案通过“正性幻觉测试”时，例如看见墙壁上不存在的数字、时钟，听见不存在的音乐，他就是“第五级深度受术者”。

当个案通过“负性幻觉测试”时，例如看不见手上戴的手表，或者看不见眼前的人，他就是“第六级深度受术者”。

一旦你确定了个案是第几级深度的受术者，在实施催眠时你就能准确拿捏下指令的分寸了。

两种敏感度测试风格

一般来说，进行敏感度测试时，有两种不同的风格：

权威式（Authoritative）：父性、权威、有力、控制。

柔和式（Permissive）：母性、柔和、循循善诱。

这两种风格各有特色，每个催眠师依照其性格也有不同的偏好，重点在于，依照个案的需求、敏感度测试的种类，来选择适合的诱导方式，是成功的关键。

敏感度测试一：雪佛氏灵摆测试（Chevreul’s Pendulum） 测试专注能力（柔和式）

引导受术者以手执灵摆，对准图中（见下页）十字交叉，放在正上方，手尽量固定不动，然后指示他专心地凝视，从 A 点到 B 点，再从 B 点到 A

点，也就是水平方向反复移动凝视焦点。

等到手上的中灵摆也跟着左右摇晃时，就可以改成指示他专心地凝视，从 C 点到 D 点，再从 D 点到 C 点，也就是垂直方向反复移动凝视焦点。

等到手上的中灵摆也跟着上下摇晃时，就可以结束测试，并且恭喜他，通过这个测试了。

这是一个好玩有趣的测试，有助于提升双方互信合作关系。

如果个案一开始没有成功，请帮助个案放松，继续尝试，直到获得专注的经验，成功为止。

这个测试的原理是当我们专心凝视的时候，手上的肌肉微动现象会被灵摆放大，产生与眼球移动方向同步的摇晃。

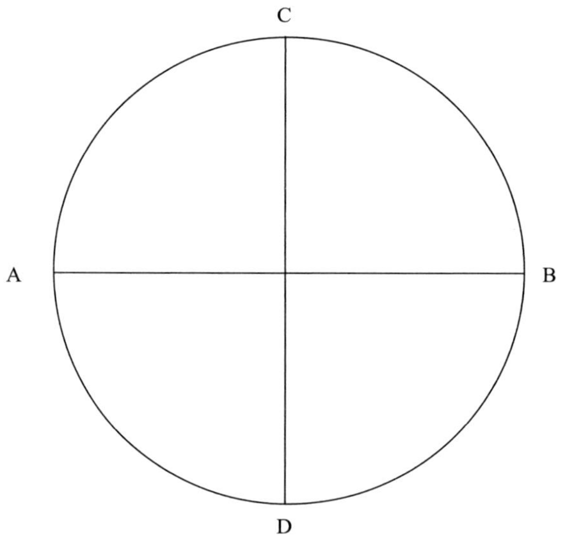

雪佛氏灵摆测试图

敏感度测试二：手臂升降测试　测试想象力（柔和式）

这个测试使用得很广泛，可能也是敏感度测试中最重要的一个，如果你只有做一个测试的时间，就选这一个吧。

催眠诱导后，让对方平稳站立，双手平举胸前，左手掌心朝上，右手掌朝左并竖起拇指。然后指示他：

现在，想象你的左手掌捧着一本厚厚的大字典，你的左手会感觉到越来越沉重……

想象你的右手拇指绑着一个大气球，这个气球逐渐向上飘浮，把你的右手逐渐拉上去，使你的右手越来越轻，越举越高。

尽可能在你的脑海里想象这样的画面，如果画面不清楚，你也可以假装真的有一个气球绑在你的右手拇指上往上飘，一本大字典捧在你的左手掌上。

你的左手越来越重，越来越往下掉；而右手越来越轻，越举越高……

（经过一段时间后，你觉得双手已经有明显差距，就可以告一段落了。）

现在，暂停，让你的双手固定在这个位置，睁开眼睛，看看你的双手的距离有多远……很好，你的催眠敏感度很棒……

注意：

个案的手臂规律地逐渐升降，表示敏感度佳。

升降的速度太快，可能是个案在假装，或讨好催眠师；毫无动静，可能是内在有抗拒。

结束测试后，记得询问个案的感受与想法。

对于敏感度佳的个案，这也是让他了解意识、潜意识的好时机。

敏感度测试三：双手紧握测试　测试接受暗示能力（权威式）

请把你的双手往前伸直，手掌打开，十根手指交错紧握在一起，把你的手尽量前伸，好像在推前方的墙壁一样，把十根手指头用力握得紧紧的，想象你的手紧紧地粘住，像被强力胶粘住一样，越来越紧、越来越紧，你的指关节越来越紧，手也越来越紧，手紧紧地粘在一起。等一下我会要你试着拉开双手，而你会发现你无法拉开双手，它们紧紧地粘在一起。

现在我要从 1 数到 3，数到 3 的时候，你会试着拉开双手，但你无法拉开，双手紧紧地粘住了。

1. 越来越紧。

2. 紧紧地粘在一起。

3. 试着打开双手，但是你打不开，再试试看，你一样打不开。

停止尝试，放松，慢慢地让你的手分开。

敏感度测试四：向后倒测试　测试信任（权威式）

这是非常权威的测验，最早是用于舞台催眠秀。这个测验因涉及身体的接触，使用于异性个案时，应事先征求同意，还有要注意可能因支撑不住而跌倒，所以催眠师要先扎稳马步。

这也是一个充满趣味的测试，有助于提升信赖关系。

不需催眠诱导，直接请对方两脚并拢站好，抬头挺胸，两手贴紧大腿外侧，笔直站立，闭上眼睛。指示他："肩膀变得有力而坚硬，全身笔直坚硬得像钢筋一样，而我的手就像磁铁，会吸引你的身体，我的手慢慢地往后移开你的肩膀，你开始往后倒、后倒，想象你往后倒，而我正在后面接住你……放心，你会非常安全，我会接住你……"

如果对方直挺挺地往后倒了，表示他能信任你，让你来接住他，这时，将他扶回原来的站立姿势，并且宣布："恭喜你，通过这个测试了！"

敏感度测试五：苹果观想测试　测试图像观想能力

当个案进入身心放松状态后，接着指示他：

现在想象在你的脑海前方出现一个苹果。

我要请你看清楚这苹果的颜色、大小。

当你看到的时候，请告诉我。

这是个很简短的测试，但是得到的信息很有价值。

如果对方可以清楚地看见苹果的色泽，说出大小，而且影像稳定、清晰，表示他的图像观想能力强，那么这将会是非常棒的催眠对象，治疗起来非常得心应手。

如果对方的回报不是这么理想，催眠师不妨给他正面指令来提升图像观想能力："每一次的催眠，都会使你越来越容易进入催眠状态，你也越来越能够在脑海中看见清晰的画面。"

如果对方的图像观想能力不佳，那也没有关系，你只要在诱导的时候，不用以视觉线索为主的引导词，而改用对方较有优势的感官系统即可，例如听觉或触觉。

敏感度测试六：柠檬测试　测试专注、想象与接受暗示能力

当个案进入身心放松状态后，接着指示他：

"现在想象你的舌头上放了一片切好的柠檬片，柠檬皮是新鲜的翠绿色，果肉是白色透明的，而柠檬汁正缓缓滴在你的舌头上，你甚至可以闻到柠檬的清香……当我说到这里的时候，很多人会感觉到口水分泌明显增加，你呢？"

一边说一边观察对方的反应，大多数人都对柠檬测试很有反应，当你说到这里，应该已经在吞咽口水了，甚至因为柠檬太酸了而挤眉弄眼，模样煞是有趣。

实际测试时，发现部分中国北方的民众对柠檬没有实际生活体验，有些人的印象中柠檬则是黄色的，所以请因时因地因人修正诱导词。

如果受术者之中，有人对柠檬是没有生活体验的，那么我会改成用酸溜溜的话梅来引发唾液分泌反应，效果一样好。

敏感度测试七：身体摇晃测试　测试接受暗示能力

这是我偏爱的一种测试方法，尤其在集体催眠时，特别好用。

请受术者站好，身体放松，简单诱导后，指示对方：

现在观察一下你的身体，你会发现身体会轻微地摇晃，很好，这是正常的。因为身体为了保持平衡，才会轻微地摇晃。然而，等一下当我从 1 数到 5 的时候，你会发现你的身体开始明显地前后摇晃，我要请你仔细观察，是你的身体自己在摇晃，而不是你在控制……

1、2、3、4、5……

当受术者开始前后摇晃时，他就可以很明确地发现自己果然被催眠了。很多人在这时候会一边笑着一边欣赏自己摇晃的样子，于是有了一次有趣的催眠体验。

敏感度测试八：白光观想　测试图像观想能力

诱导个案进入催眠状态后，指示他：

现在想象天上有一道白光射下来，经由头顶，注入你的身体。

每次吸气时，白光就源源不绝地从天上下来，进入你的身体，然后流向身体最需要的地方……

然后询问他是否能感觉到白光，看到白光后的感受是什么……

有些人对其他颜色的光较有感觉，所以也可以改成“粉红光观想”“金光观想”等。

这个测试能通过的话，代表图像观想能力强。

实际催眠治疗时，也常用来补充能量，会有很好的效果。

这个白光观想一样可以有很多种的应用方式，例如想象白光是一股来自天上的高等能量，具有治疗效果。

注意：

敏感度测试一样有无数种的技巧。

常用的还有双手磁吸测试、双手冷热测试、“潜意识的手指”测试、手贴脸颊测试……

测试你的催眠深度

六级深度测试

在做催眠深度测验时，由浅到深，一级一级测试。遇到测试失败，则停止，不需测试下一级。

六级深度测试的顺序：眼皮发黏、手臂僵直、数字障碍、痛觉丧失、正性幻觉、负性幻觉。

彩排技巧

彩排技巧（Rehearsal Technique）是帮助人们进入催眠状态的好方法，它要求受术者假装自己已经进入催眠状态了，然后跟着催眠师的指令走，假装久了，就会自然而然真的进入催眠状态，我戏称为“弄假成真”。

其实，被催眠也是一种学习的过程，我们可以教会人们学习如何被催眠。

进行六级深度测试时，请扮演受术者的学员，有敏感度的要表现敏感度，没有敏感度的要表现演技！别让新手催眠师这么快就遇到挫折，一株充满希望的幼苗就此凋萎……

六级深度测试催眠词

经过诱导、深化之后：

1. 眼皮发黏（Eyelid Catalepsy）

现在你坐在椅子上，你的眼睛闭起来了，你会觉得眼睛完全闭起来了。等一下我会请你尝试睁开眼睛，但是你没有办法睁开眼睛，你会发现你的眼睛仍然是闭得紧紧的。你可以感觉到眼睛、眉毛附近的肌肉还可以活动，可是眼皮的肌肉就是不能动，睁不开。

等一下我会从 1 数到 3，数到 3 的时候，请你尝试睁开眼睛，然而你没办法睁开……

（1）眼皮被无形的黏胶粘在一起了；（2）眼皮粘得越来越紧；（3）尝试睁开眼睛，但是你没有办法睁开……好，停止尝试，让眼睛完全放松，静静地享受闭着眼睛那种舒服的感受，然后你会进入更深的催眠状态。

2．手臂僵直（Arm Catalepsy）

现在我要把你的手臂拉起来，手臂就固定在半空中，你的肩膀、手肘都好像用螺丝锁得紧紧的，即使我晃动你的手臂，你的手臂也会充满弹性，就像铁棍一样直挺挺的，立刻弹回原来的位置。

等一下我会请你尝试把手臂放下来，但是你会发现你的手臂就固定在那里，放不下来。任何让手臂放下来的动作都会使你的手臂又立刻弹回去。

现在我会从 1 数到 3，数到 3 的时候，请你尝试把手臂放下来，但是你会发现手臂放不下来……

（1）你的手臂像铁棍一样硬邦邦的；（2）手臂非常笔挺坚硬；（3）尝试把手臂放下来……但是你没办法，你越用力手臂越放不下来……好，停止尝试，手肘放松，肩膀放松，（抓住他的手）把手臂轻轻放下来……然后你会进入更深的催眠状态。

3．数字障碍（Inability to Articulate Number）

现在我要请你从 1 数到 10，你会进入更深的催眠状态。在每个数字之间，我会说“更深更深”，你就会进入更深更深的催眠状态。请开始数！

接下来，我会请你再数一次，这一次你会数成 1、2、3、4、5、6、8、9、10（不妨重复两遍加深印象）。当你数到 6 的时候，会自动跳到 8，在 6 跟 8 之间的那个数字消失不见了，就算你想数出那个数字，你也会发现你的嘴巴、舌头发不出这个声音，所以你会数成 1、2、3、4、5、6、8、9、10。

好，现在请你从 1 到 10 数一遍。

如果个案成功地按照指令跳过 7 了，即可跳到下一阶段的测试，如果你想更加确定的话，可以询问他的感受，或者再下个催眠后暗示（post-hypnotic suggestion），进行进一步的测试。

等一下即使我请你睁开眼睛从 1 数到 10，你也会把它数成 1、2、3、4、5、6、8、9、10。直到你听到我弹指头两下的声音，你才会完全恢复原来的数法。

现在请睁开眼睛，从 1 到 10 再数一次。

……

好，现在请把眼睛闭起来，你会进入更深的催眠状态。

这个测试非常有用，通过这个测试的个案，将会对自己能被催眠充满信心，也会感受到“催眠真的很神奇”。许多个案都曾向我表示，这是他这一生中最神奇的体验。如果个案是在睁开眼睛的状况下，仍然数不出 7，那就更有震撼力了。

为了简单迅速，实际催眠时，我多半改成“从 1 到 5 数不出 4”。

4．痛觉丧失（Analgesia）

现在我会再度把你的手拉起来，你的手臂会自己舒服地停在半空中，把手指伸直。现在，让你手上所有的感觉都消失不见，（用指甲轻轻刷过这一带）尤其是手腕到手指关节这一带都没有任何感觉了……你手上所有的感觉都不见了，你的什么都没感觉了，都没感觉了……你的什么都没有感觉了……（这时候用指甲用力掐他）

告诉我，你有什么感觉？有碰触的感觉，可是不会痛，对不对？

如果个案觉得疼痛，你就停止（免得被揍一拳）。

如果个案没痛觉，你可以跳到下一阶段的测试。

现在让你的手完全恢复正常的感觉，你可以清楚地感觉到我的指甲碰到你的手（这时轻轻掐他，然后把手臂放回原位）。

现在，你会进入更深的催眠状态。

5．正性幻觉（Positive Hallucination）

等一下我会从 1 数到 3，数到 3 的时候，请你睁开眼睛，但是你仍然停留在很深的催眠状态里。当你睁开眼睛时，你会看见对面的空白墙壁上有一个时钟，然后请你描述一下，你看到了什么样的时钟。

1、2、3，睁开眼睛，感觉很好，对不对？请你注视墙壁，告诉我你看见了什么（给他足够的时间，然后鼓励他描述他看见什么了。如果他看见时钟，就继续进行下一步测试，不然就准备结束）。

现在，把眼睛闭起来，你会进入更深的催眠状态。

这个测试可以用阿拉伯数字来代替时钟，这是我的偏好，它更容易达成。更进一步的延伸，例如，暗示对方，等一下戴上这副眼镜，就可以透视别人的裸体……（舞台秀催眠师喜欢搞这个把戏）

6．负性幻觉（Negative Hallucination）

等一下我会从 1 数到 3，数到 3 的时候，请你睁开眼睛，但是你仍然停留在很深的催眠状态里。当你睁开眼睛时，你会想写点笔记，可是你会看不见你的笔，你的笔消失不见了。你很想写笔记，可是看不见你的笔。你甚至会说是我把你的笔拿走了。

1、2、3，睁开眼睛，感觉很好，对不对？

（给他足够的时间，让指令发挥作用。）

现在，把眼睛闭起来，我们要准备结束催眠测试了。

等一下我会从 1 数到 5，你就可以睁开眼睛，完全恢复正常的意识状态。刚刚催眠过程中的一切你都会记得，当你睁开眼睛后，会觉得整个人很清爽、很舒服。1、2、3、4、5，睁开眼睛，感觉很棒，对不对？

PS：也可以随机应变，例如看不见手表、手环、屋里的某个人……

特别叮咛：

1. 结束六级深度测试时，记得要解除所有指令。

2. 每位催眠师都要熟练操作六级深度测试，在学习催眠的过程中，遇到一位受术者，把他成功催眠到第六级深度，将会是重要的里程碑！

四种催眠深度模型

当人进入催眠状态之后，犹如踏上浩瀚辽阔的大地，虽然都在同一块地方，但是彼此差异很大，就像黑龙江在中国，海南岛也在中国，可是一南一北，不能混同。

一般人心目中的催眠状态往往是失去自我意识，受到催眠师指令而欲东则东、欲西则西。是的，这是催眠状态的一种，没错。

静坐时，进入一种通体舒泰、身心愉悦而宁静的境界。是的，这也是催眠状态的一种，没错。

有时候，我在进行催眠教学时，会请学员上来，示范数字障碍测试，让学员说不出 7 这个数字，然后让他数 10 根指头，却会数成 11 根，使学员体会到催眠的神奇与趣味。是的，这也是催眠状态的一种，没错。

面对种类繁多的催眠状态，催眠师与学者们不得不去归纳、分析，希望能找出一套催眠深度模型，让催眠地图不再是一片苍茫，而能清楚标示出每一站的地名。

遗憾的是，就像物理学者一直苦苦追寻能够解释一切的万有理论（Theory of Everything）而不得，目前，也没有一种催眠深度模型能囊括所有催眠现象。

以下我将介绍四种催眠深度模型，它们分别是：一、传统的三种催眠深度。二、大卫·艾尔曼（Dave Elman）的四种深度。三、哈利·阿朗斯（Harry Arons）的六级催眠深度。四、廖氏内在觉知七种催眠深度。

这四种模型各有其精神与特色，各有其适用范围。

有了这四种模型的概念，催眠研究者会自行融会贯通，大致也能拼出一张接近完整的催眠地图。

我期待未来的日子里能够有一个大一统的催眠深度模型问世。

传统的三种催眠深度模型

有蛮长的时间，催眠师简单地把催眠深度分成三种，即轻度催眠状态、中度催眠状态与深度催眠状态。

轻度催眠状态是指被催眠者身心放松，处于舒服的感觉中，但这时对于催眠指令的反应不佳，所以被催眠者常常会以为自己并没有被催眠。其实，已经开始进入催眠状态，只是深度还不够而已。在这种状态下，被催眠者的心理防卫渐渐降低，比较能说出平常不愿意说的话，心情也比较平稳，适合进行一般的心理咨询。

中度催眠状态是指被催眠者身心放松，对于催眠指令反应良好，同时，被催眠者意识清醒，甚至比平常更清醒。这时候，意识与潜意识搭起了一道桥梁，催眠师可以直接对潜意识下指令，潜意识可以直接把特定的信息送到意识层面。例如，当催眠师下指令说："当我从 1 数到 3 时，潜意识会引导你回到问题的根源……"然后，数到 3 时，被催眠者就回想起曾经遗忘的关键时刻，甚至重临其境。在我的咨询室中，大部分的催眠治疗都是在这个状态下进行的。

深度催眠状态是指被催眠者身心放松，对于催眠指令反应良好，但是，他的意识不清醒，甚至不知道当时四周的状况，沉浸在非常主观的个人世界里。当他结束催眠时，很可能也无法记得催眠中发生过哪些事情。

催眠舞台秀就是刻意将参与者催眠到深度催眠状态，夸张地表现出“完全被催眠师摆布”的娱乐效果。

在心理治疗时，深度催眠状态并不需要。

尤其心理治疗常常着重于当事人对于过往经验的重新诠释、人生经验的统整，需要对方在清醒的意识状态下来参与，所以中度催眠状态是最合适的。

传统的三种催眠深度表

深度等级	特点	细目
轻度催眠状态	身心比平常放松	身心开始放松了，可以进行基本催眠治疗
中度催眠状态	能充分接受指令	身体与心理很放松，意识清楚，接受暗示的能力很好，可以进行基本催眠治疗
深度催眠状态	表面看起来像是人事不省，能接受指令	可以接受暗示。不适合需要互动的催眠治疗

当我们更深入地研究催眠状态的各种复杂现象时，就会发现简单的三分法虽然有其实用的价值，却无法进行更细微的分类。

例如，深度催眠状态是否具有麻醉止痛效果，并没有明确定义，但是在大卫·艾尔曼（Dave Elman）的四种深度模型里，就明确指出哪种深度会有麻醉止痛效果。

经过催眠师与学者的辛勤努力，戴维斯 - 哈斯本（Davis-Husband）把催眠深度分成 30 种，勒克龙 - 波尔多（LeCron-Bordeaux）将其分成 50 种，史丹佛量表则将其分成 12 种。以下介绍较常应用的大卫·艾尔曼（Dave Elman）的四种深度与哈利·阿朗斯（Harry Arons）的六级深度。

大卫·艾尔曼（Dave Elman）的四种深度模型

大卫·艾尔曼（Dave Elman）把催眠状态归纳成四种：

第一种，轻度或浅催眠状态（Light or Superficial）。

第二种，眠游状态（Somnambulistic）。

第三种，催眠昏迷状态（Hypnotic Coma），或称为伊士戴尔状态（the Esdaile State）。

第四种，从睡眠导入的催眠，大卫·艾尔曼（Dave Elman）认为是所有催眠状态中最深的，后来称为催眠睡眠状态（Hypnosleep）。

当受术者身体放松时，就是轻度催眠状态了；身体与心理完全放松时，就是眠游状态。

从记忆的角度来看，受术者如果产生记忆丧失现象（Amnesia），也算是眠游状态。

眠游状态下，受术者看起来仿佛睡着了，却能够走来走去，仿佛梦游者，而且能充分接受指令，所以用眠游状态来命名这种催眠状态。

从止痛效果来说，轻度催眠状态能获得轻微的止痛效果，而在眠游状态中能达到完全麻醉的效果。

催眠昏迷状态，是指看起来仿佛在昏迷状态中，不会动也不会说话，对于外界一点反应也没有，也不接受任何指令，连让他们清醒的指令也不接受。

1847 年，伊士戴尔在印度以催眠为唯一的麻醉手段，进行了 1000 多次手术，就是将病人诱导至催眠昏迷状态，所以后来就将这种催眠状态称为伊士戴尔状态（the Esdaile State）。

在催眠昏迷状态中，受术者其实是有意识的，他只是看起来没有反应而已。而催眠睡眠状态，个案是处于无意识状态的，犹如睡眠一般，他在这种状态中不会知道现在发生了什么事情，但是他却可以以微妙的方式来响应催眠师，催眠师可以与潜意识沟通，例如受术者通过食指动与不动来表达是与不是。

大卫·艾尔曼（Dave Elman）的四种催眠深度模型在从事医学领域的催眠治疗时，特别有价值。

大卫·艾尔曼（Dave Elman）的四种催眠深度表

深度等级	特点	细目
第一种催眠深度	轻度催眠	身体开始放松了
第二种催眠深度	眠游状态	身体与心理完全放松，记忆丧失，完全麻醉
第三种催眠深度	催眠昏迷状态或伊士戴尔状态	表面上看起来像是昏迷状态，对指令没有反应。完全麻醉，可进行大手术
第四种催眠深度	催眠睡眠状态	表面上看起来像是睡眠，但催眠师可以设定方式来与潜意识沟通

哈利·阿朗斯（Harry Arons）的六级催眠深度模型

第一阶段：有点被催眠了，但是很轻微，当事人还不觉得自己被催眠，自认为完全清醒。小的肌肉开始受到控制，例如眼皮发黏反应会在这种状态下出现。

第二阶段：更加放松了，大的肌肉开始被控制，例如手臂僵直反应。内在的“碎碎念”，心里絮絮叨叨的念头、胡思乱想，会开始减弱。

第三阶段：所有的肌肉都可以受到控制了，可以让被催眠者坐在椅子上站不起来，无法走路，不能清晰地数数字，痛觉部分丧失。

舞台秀催眠师至少要引导参与者来到第三阶段才能配合演出，例如下指令说：“你可以动，可是走不出这个圆圈。”他果然走到圆圈时，就无法跨越过去。

实际催眠时，在这前三级深度内，可以进行绝大多数的治疗。

第四阶段：开始出现记忆丧失（Amnesic），出现更多的催眠现象。被催眠者会真的接受指令而把数字、姓名、地址等忘掉。

另外一个重点是痛觉丧失（Analgesia），但是触觉还在，可以进行大部分的牙科治疗、外科小手术。被催眠者会感觉到好像有空气吹过伤口，但不觉得痛。

第五阶段：开始眠游（Somnambulism），出现完全麻醉现象（Anesthesia），既不会觉得痛，也不会觉得被碰触，亦即痛觉与触觉都消失。会出现正性幻觉，看见实际上不存在的人、事、物。

第六阶段：非常深的眠游状态，出现负性幻觉，看不见实际上存在的人、事、物。

根据临床经验，大约有 20% 的人只能到达第一、第二阶段的催眠深度，60% 的人可以到达第三、第四阶段的催眠深度，20% 的人可以到达第五、第六阶段的催眠深度。

在区别这六个阶段的催眠深度时，有四个标准：

一、肌肉僵直（Catalepsy）。被催眠者无法自由活动肌肉，在前三阶段逐步增强。

二、记忆丧失。这是区别第三与第四阶段的关键，例如催眠师如果要求从 1 数到 10 时会忘掉 7，在第三阶段的被催眠者可能无法清晰发音、数数，在第四阶段则会真的忘掉数字 7。

三、麻醉现象。这是区别第四与第五阶段的关键。在第四阶段，会出现痛觉丧失，不觉得痛，但会有碰触感。第五阶段时，则出现既不痛也没触觉的麻醉现象。

四、幻觉。在第五阶段会出现正性幻觉，例如你拿出一个装着清水的水晶瓶，暗示对方这是一瓶高级香水，对方一闻，就会感受到香水的芬芳。第六阶段则出现负性幻觉，看不见实际上存在的人、事、物，例如你暗示对方，当你从 1 数到 3，他睁开眼睛时就看不见墙壁上的时钟，然后，他睁开眼睛后，就会发现墙壁上空无一物。

关于负性幻觉，有一个重点是即使学习催眠很久的人都没有正确理解的，那就是被催眠者并不是真的没看见，而是他看见了，却当作没看见。换句话说，你必须先看见，才能看不见！

譬如说，你给对方下指令说，等一下睁开眼睛之后，会看不见室内的桌椅，于是，他睁开眼睛后，发现室内都没有桌椅，所以他只好把手上喝水的杯子放到地上。可是，当他在室内走来走去时，他会不会因为没看见桌椅，就整个人撞到桌子或被椅子绊倒呢？答案是，不会。

他的心灵深处，有一个“隐藏的观察者”（Hidden observer），仍然清楚地看见这一切，虽然主观上他没有看见桌椅，但是实际上“他”看见了，所以不会跌倒。这就是我先前说的“你必须先看见，才能看不见”的真谛。

哈利·阿朗斯（Harry Arons）的六级催眠深度表

深度等级	特点	细目
第一级催眠深度	小肌肉控制	当事人意识清醒，小肌肉开始受到控制，有眼皮发黏反应
第二级催眠深度	大肌肉控制	更放松了，大肌肉开始被控制，例如手臂僵直反应。内心变得比较安静
第三级催眠深度	全身肌肉控制	所有肌肉都可以受到控制了。痛觉部分丧失
第四级催眠深度	1. 记忆丧失 2. 痛觉丧失	开始产生记忆丧失，出现更多催眠现象。被催眠者会接受指令而把数字、姓名、地址等忘掉。痛觉丧失，但是触觉还在，可以进行大部分的牙科治疗、外科小手术
第五级催眠深度	1. 眠游 2. 完全麻醉 3. 正性幻觉	眠游，出现完全麻醉现象，既不会觉得痛，也不会觉得被碰触，亦即痛觉与触觉都消失。正性幻觉，看见实际上不存在的人、事、物
第六级催眠深度	负性幻觉	非常深的眠游状态，出现负性幻觉，看不见实际上存在的人、事、物

廖氏内在觉知七种催眠深度模型

过去的催眠深度分类，没有把内在觉知视为重点来考察，导致许多催眠学习者受挫于自己敏感度不佳，无法通过眼皮发黏测试、数字障碍测试、幻觉测试，也导致许多想寻求催眠治疗的人担忧自己无法从催眠中获益。

催眠的关键，是引导人进入专注而放松的状态，这种状态，从修行的角度看，正是保持觉知、活在当下，只是以前的催眠师没有认知到这一个最珍贵的重点。

真正重要的催眠敏感度，是进入觉知状态来进行内在运作，这才是催眠最有价值之处。

以自我成长与提升而言，一个人能不能产生正性幻觉、负性幻觉一点也不重要，但是一个人懂不懂得保持觉知则是重中之重。

以前在教学时，我常常发现有些学员以为自己不能产生幻觉现象，就是无法进入深度催眠，因而觉得很挫败，以至于自信心受到打击，而错以为自己无法学好催眠。

为了帮助学员明确抓到要点，得以减少阻碍，直探骊龙颔下珠，我苦思多年，终于于 2009 年 5 月在哈尔滨授课期间，“内在觉知七种催眠深度”的灵感翩然降临。

这个催眠深度模型，是从保持觉知开始的，一旦人开始保持觉知，就进入催眠状态了，而且是保持好质量的催眠状态。

从第一种深度到第七种深度，觉知程度越来越好。

不同的深度，则归纳为特定的现象。

例如，第二种催眠深度强调清晰的图像观想能力，第三种催眠深度强调提取记忆的能力，第四种催眠深度强调进行内在对话，第五种催眠深度强调进入潜意识智慧接管状态，第六种催眠深度强调产生超个人层次的超常现象，第七种催眠深度强调最高智慧显现。

请注意一点，这七种深度，并不是像阶梯式的线性关系，除了保持觉知是可以越来越深的之外，其余六种是催眠地图里的不同板块。

换个说法，也可以说，这张催眠地图建立在“保持觉知”的大地上，上面标示出六个板块，不同板块有不同的性质与作用。

由于我的催眠体系是基于超个人心理学的架构而来的，特别着重于心理治疗与身心灵平衡发展，所以这个催眠深度模型尤其适用于心理治疗、催眠治疗、自我成长与灵修。

以下介绍七种催眠深度的内容。

第一种：开始能保持双向觉知，能以明镜之心观照思想、念头、情绪，而不认同，当杂念浮现时，能够觉察，而回到当下。

第二种：能进行图像观想与操作，例如能想象苹果的画面。更进一步时，能观想能量运作，并有具体感受。例如白光观想时，身心能产生相应觉受。能进行心智彩排（Mental Rehersal），例如生动逼真的海上仙岛之旅，运动选手模拟比赛细节。

第三种：能清晰提取过去的记忆，并能在主观视角与旁观视角之间自由转换。能进行止观双运自我催眠治疗。在理智层面，能从不同的角度看清事情的来龙去脉；在情感层面，能平静地看着自我释放情绪，能进行年龄回溯，能进行催眠解梦。

第四种：能切换至不同人格，能角色转换，能与内在智能对话。浅者，例如潜意识之手；更进一步时，例如“空椅子”、器官对话、角色扮演、与智能老人对话、与内在小孩对话、不同人格彼此对话。

第五种：进入自动导航状态，受术者只是旁观无为，潜意识智能自动接管，自行治疗，催眠治疗师可以愉快地袖手旁观，直到治疗完成。

第六种：接通超个人资料库，获得小我经验范围之外的信息，接收到集体潜意识的原型，灵感直觉翩然降临。

第七种：进入清晰、宁静、喜悦、念念分明的意识状态。与高层潜意识联机，高等理智、高等情感自然涌现，洞见、智慧不求自来，乃至体验天人合一的境界。

如果以佛家术语来说，第六种深度指涉的是神通范畴，第七种深度指涉的是智能范畴。

廖氏内在觉知七种催眠深度表

深度等级	特点	细目
第一种催眠深度	保持双向觉知	开始能保持双向觉知，能以明镜之心观照思想、念头、情绪，而不认同，当杂念浮现时，能够觉察，而回到当下
第二种催眠深度	清晰的图像观想	能进行图像观想与操作，例如能想象苹果的画面。更进一步时，能观想能量运作，并有具体感受。例如白光观想时，身心能产生相应觉受。能进行心智彩排，例如生动逼真的海上仙岛之旅，运动选手模拟比赛细节
第三种催眠深度	提取记忆	能清晰提取过去的记忆，并能在主观视角与旁观视角之间自由转换。能进行止观双运自我催眠治疗。在理智层面，能从不同的角度看清事情的来龙去脉；在情感层面，能平静地看着自我释放情绪，能进行年龄回溯，能进行催眠解梦
第四种催眠深度	内在对话	能切换至不同人格，能角色转换，能与内在智能对话。浅者，例如潜意识之手；更进一步时，例如“空椅子”、器官对话、角色扮演、与智能老人对话、与内在小孩对话、不同人格彼此对话
第五种催眠深度	自动导航状态	进入自动导航状态，潜意识智能自动接管，自行治疗，催眠治疗师可以愉快地袖手旁观
第六种催眠深度	超个人层次的超常现象	接通超个人资料库，获得小我经验范围之外的信息，接收到集体潜意识的原型，灵感直觉翩然降临
第七种催眠深度	最高智慧显现	进入清晰、宁静、喜悦、念念分明的意识状态，与高层潜意识联机，高等理智、高等情感自然涌现，洞见、智慧不求自来，乃至体验天人合一的境界

掌握催眠技巧，
瞬间晋升为催眠师

我学习催眠的历程

从开始接触催眠到现在，一眨眼30年了，虽然做过的催眠治疗案例、教过的学员都不少了，仍然感觉到催眠的天地辽阔无涯，却又与医学、心理学、神秘学、灵修、气功处处交集。每隔一段时间，自以为已经很懂催眠了，不久心中又起了新的疑惑，我细细思量，再三实验，过了一段时间后新的领悟突然降临。这样反复多次后，才感受到牛顿所说的“只是一个在真理的海边捡贝壳的小孩”是多么真切。

容我把我的学习过程简单介绍一下，希望读者也能生起学习催眠并不难的信心。

对我来说，催眠这门学问确实影响了我的人生。

从小我就对隐藏于表相之内的秘密充满好奇，隐约觉察到视线所及的每一个地方都含藏一份神秘。

这种隐约的觉察大概出现在四五岁的时候。

那时太小了，也没有能力继续深入。

直到大学时代，学佛是人生的转折点，我开始对生之前、死之后产生强烈的好奇心。

大三时，我深深感觉到当时接触到的心理学不能满足我的灵性需求，转而将精力投注于佛学的探究与修行。

然而我对轮回转世之说实在无法轻易相信，如果这一关没有过去，脉络严谨的佛法大门就打不开了。

从那时起，我就广泛收集催眠的书籍，在大学时代就读遍了所能找到的数据。

不过很可惜，当时我找不到催眠师学习，对于催眠只停留在观念层次，虽然做过一些自我催眠的练习，不过都只是皮毛而已。

另外一件与催眠有关的事情，也对我间接产生了影响，使我的欲望更为强烈，下定决心总有一天要精通催眠。

1982 年，我上大二，联经出版社出了一本科幻小说《永远的催眠》，同名的一篇小说是压轴之作。

这篇小说有个奇特的构思，把地球描述成外星人的牧场，因为人类是宇宙中少见的能分泌长生腺素的生物，所以丹丽比亚人用催眠术控制了全部人类的心智，使之活在幻象之中，这样一来，当人类死亡时，丹丽比亚人就以死神的形象抽取人类的长生腺素，得以永生不死。

小说的主角是个名叫保罗的催眠师，在舞台上，他催眠了金发女郎华克，使她学狗叫、指挥交响乐团、唱歌剧，最后还产生幻觉，想象自己站在拥挤的夜间公交车里，因为太累了而要求别人让座。

表演结束后，华克跑到后台找保罗，告诉他："我真的觉得自己就站在公交车里，全身疲累，别人身上的味道、车子行进的声音、硬币丢进钱筒的声音都清清楚楚，非常真实，跟我的日常生活没有两样。"

然后她说："当我的朋友告诉我，那是幻象时，我开始在想，要是这一切……我们的一生，这个世界，所有我们看见的这一切，感觉到的一切，也是一种催眠幻觉的话……"

这段话使保罗深有同感，由于他的催眠经验太丰富了，他也经常怀疑整个人类都被催眠，没有一个人是清醒地活着的。

保罗说："如果我们所经历、所看到的一切都是幻象，那表示有人对我们施了催眠术，要我们只看到这些。有可能的话，我要用催眠把这个催眠指令给问出来。”

华克同意配合，当她进入催眠状态后，保罗问：“你脑中有什么催眠指令？”

过了好一会儿，她才说：“里面有指令。”

“指令是什么？”

“我——不——能——说。”

“那我复述指令好了，要是对的话，你就点头。它是不是说不能说？”

她点点头。

“你绝不能说的是什么？”

她摇摇头，能说话。

“你必须告诉我，指令的第一个字是什么，不然你的右脚会痒得受不了！”

她一直搔脚，拼命搔脚，仍然不肯说。

“你必须告诉我，指令的第一个字是什么！”

“你……”

才说出这个字，她已经感受到非常大的痛苦。

保罗努力了半天，用各种催眠手段逼迫华克，使她饱受各种痛苦，也只逼出“你只能感觉”这五个字。

就在这时候，丹丽比亚人的先进仪器感应到有人快要揭开秘密了，立刻派出特派员米瑟前来处理。

保罗深深凝视华克的眼睛，准备将她催眠到更深的状态……

他看见华克的眼睛越来越大、越来越深，然后，他无法移开视线了，低沉和谐如大提琴般的声音从他脑中响起，一股巨大的心灵力量将他催眠了……

这个威严的声音告诉他：“你会忘掉今晚所发生的一切，宁可死掉也不会想起。你只能感觉我要你感觉的一切！”

结局是，这位特派员米瑟完成危机处理后，建议总部要加强对地球人的催眠控制，否则一旦地球人认清了自己的真面目，丹丽比亚人就没戏唱了。

就在这时，米瑟的手下报告说："印度一位瑜伽行者发现自己的真面目，已用二级心神控制令其精神错乱，目前住进了疯人院。"

米瑟点头微笑，心想，这名手下看来前途无量！

于是，人类继续醉生梦死地活着，为丹丽比亚人提供珍贵的长生腺素。

故事就在这里告一段落了。

亲爱的读者，不知道你读完这浓缩版的故事后有什么感想？

我们来到地球上，所看见的世界是不是催眠出来的大幻象？

我们以为的"自我"，是不是一个催眠出来的幻觉？

有没有可能有一天，通过反催眠，解除了最深层的限制性指令，我们就能看见实相，开悟成道了？

这么多年来，这篇科幻小说始终萦绕在我心头，促使我相信着，催眠是解开宇宙奥秘的工具。

这是一个简单的逻辑：人的心灵蕴藏一切秘密，而催眠能够深入心灵，故催眠能破解一切秘密。

时光的脚步迅速向前迈进，一转眼，1994 年，在修行的领域中，我从佛法的净土宗走向禅宗，旁及气功、瑜伽，再横跨新时代思想、西方神秘学，最后再经由一个古老的修行体系"第四道"的洗礼，确立了我以"保持觉知、活在当下"为核心的修行法门。

就在那年，连续来了几位国外的催眠师，通过媒体的传播，掀起一阵催眠热潮。

在此之前，虽然我已读过大量的催眠书籍，可我总以为催眠术需要拜师学习才行的，然而，在看过多次的催眠秀表演后，我发现催眠师的手法其实都在书中写得清清楚楚了，都在我的知识范围之内。同时，我也去参与他们的现场录像，亲自被催眠，也趁录像空当，近距离观察。

我的结论是，催眠其实很简单！

当时我撰写禅学书籍之余，在坊间教授一些与灵修有关的课程，例如“光能冥想”“梦之旅”“水晶治疗”，在课堂上常常带领学员进入不同的意识状态，体验心灵的各种功能。

看过催眠师的表演后，我的脑海中就把原本分散的信息串起来了，原来心理学、灵修、催眠、冥想、气功都是更大的整体的一部分，根源是相通的，我再度有了豁然开朗的开心觉受。

于是，我开始在上课的时候，有意识地大量演练催眠的技巧，我笑称学员都是我的白老鼠。有一次，我跟大家说：“今晚给你们做个前世催眠。”学员问我以前有没有做过，我说：“没有，这是第一次，你们要小心啦！”大家哈哈笑，也欣然接受，乐于当白老鼠。

同时我也不放过每一个可以做催眠的机会，例如，跟朋友见面就问朋友想不想试试我的新手法，去外面演讲就自动献上一段催眠示范。总之，到处找白老鼠，有机会就练习催眠，没机会就创造机会来磨刀。

所以，到了 1988 年我成立葛吉夫催眠中心时，已经积累了相当多的催眠经验，无论是团体催眠还是个别催眠。许多人看我是心理系毕业的，理所当然地以为我是在学校学的催眠术，其实不然，我算是无师自通的。

因为没有老师指导，是独自摸索出来的，所以走了很多冤枉路。

走了很多冤枉路也有好处，好处就是傻事都干过了，自然知道正解在哪里。

在学习的过程中，我也进行许多自我催眠的练习，从中获益良多，不管是对自己的帮助，还是对催眠更深入的了解，所以我觉得自我催眠绝对值得提倡。

后来我出国进修，在美国纽约取得催眠训练师执照，觉得那是锦上添花，因为最重要的部分我已经自修完成了。

从我的学习经验中，我可以很肯定地说，如果你想成为催眠大师，那么，这跟任何领域要达到登峰造极之境一样，都需要天分加努力；如果你只是想学会自我催眠，一天的课程就绰绰有余了；如果想学会帮别人催眠，三天的课程就可以了。

我很有信心，读完本书的读者，只要你认真读了，也照着书中的方法去自我催眠、去帮别人催眠，你一定很快能学到 60 分。催眠很简单，催眠其实与我们的日常生活息息相关，只是一般人没有认出来。

学好催眠的九点建议

对催眠有兴趣的人非常多，几乎每个遇到我的新朋友都会好奇地问几个问题，但是大部分的人以为催眠是一件困难的事情，恐怕需要具备一点法力才行，或者只有天赋异禀的人才学得会，或者，把催眠状态想象成一种极其特殊的状态，唯有少数人才能进入。

在此，我要澄清两点。

首先，催眠是一门博大的学问，是一种实用的技术，可以通过系统学习来获得。

只要是智力正常的人，都可以学会催眠。

要走进催眠的世界，学会足堪自用的技巧并不难，门槛可能比大多数人想象的要低很多，我认为顶多一天就可以将催眠的入门观念与技巧交代完毕。可是若想深入催眠核心，进入那深奥幽玄的境界，则需要倾注心力，孜孜不倦，不断实践各种手法，旁涉不同领域的知识、技术，再加上特定的天分，才能有所成。

催眠，易学难精。

要学到 60 分，可以派上用场，很容易。

但要成为职业催眠治疗师，仍然要有按部就班的训练过程，并且具备合适的人格特质，才能胜任。

其次，催眠状态是我们天天与之为伍的改变意识状态，每个人都能进入。

事实上，每个人每天都在不同的意识状态之间游移来游移去，催眠师所要做的只不过是帮助别人有意识地去体验他本来每天都在体验的事情而已。

进入催眠状态是我们天生就有的本能，而且我们一天当中就会在催眠状态与平常意识状态之间来来回回许多次。

相信有了以上这两个认识之后，你会了解催眠其实是很容易“亲近”的。

接下来，关于如何学好催眠，我提供九点建议：

第一，读遍所有相关书籍，吸收最新资料。

学习任何一门学问，先把所有书籍都读一遍，知道大家说过什么、讨论些什么，拥有完整的视野，是非常重要的。

读得多了，读得完整了，就会明白哪些看法与做法是偏邪之见不足取，会培养出辨识高低真伪的品位。

第二，参加专业的催眠训练课程。

参加专业课程，可以让你直接目睹导师操作催眠、示范催眠，看到各种催眠现象，这是非常有价值的，使你不再疑惑，不需盲目摸索，直接传承了有效的操作模式。

第三，接受专业催眠师的催眠，不但可以体验被催眠的感受，还可以学习专业技巧。

除了接受催眠师催眠之外，也可以聆听催眠 CD，体验被催眠的感觉。

第四，常练习自我催眠。

要成为催眠师，需要拥有完整的三种经验：自我催眠、被人催眠、帮人催眠。尤其是你的自我催眠、被人催眠的经验越丰富，越能帮助你了解被催眠者的心态、需求与状态。

第五，非心理系或相关科系毕业者，最好多多研读心理学典籍，积累丰富的心理学知识。

基础心理学不足的催眠师，往往会说出、做出一些贻笑大方之事而不自知，甚至对求助者产生不良影响，其过大矣！

第六，如果你的目的不只是成为催眠师，还希望进一步成为催眠治疗师，那么需要积累更多的心理治疗的专业背景、临床治疗经验。

第七，开始练习催眠别人时，务必找催眠敏感度高的人，这样的被催眠者可以增强你的信心，让你得以练习各种技巧且立刻看见成果。如果一开始找的是催眠敏感度差的人，你将会百般受挫，了无趣味，不但学不成催眠，搞不好还破坏了你的自信心。

第八，刚开始练习时，务必要求被催眠者完全配合你，就算是表演，也要演得很逼真，装也要装作真的被催眠的样子，因为这是学习的阶段，必须这样做。当然，最好有合格且经验丰富的老师从旁指导，以节省你盲目摸索的时间。

第九，最后一点，尤其重要的是，练习！多练习！多多练习！

多多找人来练习，好丰富你的催眠实务经验。

需要体验催眠，需要进入催眠那种放松、宁静状态的人太多了。

催眠的标准操作步骤

催眠是可以标准化操作的技术，只要你按部就班来进行，你会发现催眠其实就像骑自行车一样容易。

我们大致可将催眠分成五个步骤，分别是：

一、询问解疑（Diagnosis）。与被催眠者建立良好的合作关系，了解他的动机与需求，询问他对催眠既有的看法；解答他有关催眠的疑惑，确定他知道催眠时哪些事情会发生，从而没有不合理的期待；进行敏感度测试，了解他能进入多深的催眠状态、适合哪种诱导手法。

如果是催眠治疗的话，此阶段要开始广泛收集信息，找出个案的真正问题所在。

注意：每一次的催眠都要有明确的目的。

有的时候，个案会有意或无意地隐藏前来求助的真正原因。

卡伦·霍妮（Karen Horney）曾说过一句名言："个案接受心理治疗的目的，并非为了治愈他们的精神问题，而是为了让问题更臻完美，变得无懈可击。"

这段话极为辛辣，所以催眠师必须洞悉人性，有能力穿透个案的故布疑阵，然后朝正确方向前进，带领个案远离黑暗，走到光明的地方。

二、诱导阶段（Induction）。催眠师运用语言引导，让对方进入催眠状态。一般而言，常用的诱导技巧有渐进放松法（Progressive Relaxation）、眼睛凝视法（Eye Fixation）、深呼吸法、数数法、手臂上浮法及各种变形与伪装的方法。

催眠诱导技巧有几种呢？答案是：无数种。

你有多少想象力，就能创造出多少种催眠诱导技巧。

三、深化阶段（Deepening）。引导被催眠者从轻度催眠状态，进入更深的催眠状态。常用的深化技巧有手臂下降法、数数法、甩手法、下楼梯法、搭电梯法、过隧道法等，除了这些常用技巧，这个阶段常常随机应变，即席创制新招。

催眠深化技巧有几种呢？答案是：一样有无数种。

四、治疗阶段（Healing）。视被催眠者的需求来治疗，催眠师需要相当好的心理治疗与精神病理学背景，最好在宗教、哲学层面也有所涉猎。

同样，催眠治疗技巧也有无数种，所有你学过的心理治疗技巧都可以融入催眠治疗。

五、解除催眠（Ending）。让被催眠者从催眠状态回到平常的意识状态，确保他对整个治疗过程保有清楚的记忆，适切给予催眠后暗示，使他在结束催眠后感觉很好，并且强化疗效，通常以数数法为主。

实际应用时，解除催眠的方法，也一样有无数种。

优秀的催眠师，能够精确、流畅地使用语言来引导个案进行内在运作，并能自由自在运用周边素材来进行随机应变、量身定制的“个人化治疗”。

在“一个典型的催眠治疗示范”这一节里，我会示范一次完整的催眠治疗，提供给读者参考。

催眠诱导技巧

催眠诱导技巧，有无限种。

只要你明白人如何进入转化意识状态，你就能够随心所欲设计诱导的技巧。

任何可以引导人进入专注而放松的方法，都可以作为催眠诱导的技巧。

任何可以吸引人专注而放松的物品，都可以成为催眠诱导的工具。

而且，只要你善用环境的素材，任何地方你都可以进行催眠。

目前比较常用的诱导技巧有渐进式放松法、数数法、眼睛凝视法、深呼吸法、手臂上浮法及各种变形与伪装的方法。

每一种方法都可以有无限种的衍生与变化。

例如，渐进式放松法可以从头放松到脚，也可以从脚放松到头；可以放松重点部位，也可以把身体分解成更多更细的部位来逐一放松……

数数法可以正数逆数，可以高难度数……

请把握催眠的关键——专注而放松，再灵活发挥创意，你就会有用之不尽的催眠技巧。

诱导技巧分类

依照不同的特性，诱导技巧大致可以分成十大类。

一、以时间而言，可以分成普通催眠、快速催眠、瞬间催眠三种。

一般来说，30 秒到 3 分钟内引导人进入催眠状态，可称为快速催眠（Rapid Induction），而瞬间催眠（Instant Induction）则是指在几秒钟内让人进入催眠状态。

二、以语言来说，可以分成语言技巧、非语言技巧。

语言技巧就是以说话来进行诱导，非语言技巧是指以语言之外的其他形式来诱导，例如音乐、香味、特定频率闪烁的光、特定频率的声音、身体碰触等。

三、以身体而言，可以分成接触技巧与非接触技巧。

前者如指压催眠手法、摇晃身体技巧、转头法，后者如离抚法、想象模拟法。

四、以眼睛来说，可以分成闭着眼睛来诱导的技巧、睁着眼睛来诱导的技巧。

五、以听觉输入管道而言，可以分成普通技巧、双脑同步技巧。

双脑同步技巧特别强调催眠诱导时，让诱导语言轮流从两边耳朵进来，声音来源忽左忽右，产生左右大脑的脑波趋于协调同步，受术者就更容易进入宁静、安详的状态。

六、以放松而言，可以分成借由放松来诱导的技巧以及借由紧绷来诱导的技巧。

七、以受术者的情绪来说，可以分成引导至舒适、宁静的情绪状态的技巧，以及引导至焦虑、紧张然后再突然一切归零的技巧。后者由于制造出巨大的反差，往往会带来意想不到的效果。

八、以诱导词的情绪态度而言，可以分成柔和式与权威式两种。

像渐进式放松法就是柔和式，温和缓慢地一步一步诱导，容许受术者以自己的节奏进入催眠状态。

权威式则是以阳刚、有力的指示，推动受术者依照催眠师的节奏进入催眠状态。

九、以诱导力量的推动者来说，可以分成自力专注与他力震撼两种。

前者是催眠师诱导受术者自己进入专注而放松的催眠状态，后者是由催眠师制造意外的惊吓效果，好引导受术者进入心无杂念的状态，通常瞬间催眠的技巧用得多。

十、以注意力的集中目标而言，可以分成单一焦点、多重焦点。

单一焦点是大部分古典催眠技巧用的，例如渐进式放松法、凝视法、数数法都是。

多重焦点是同时让受术者专注于多种焦点，进入一种恍惚状态。例如，聆听对位法谱曲的巴洛克音乐；同时碰触对方身体多处部位的双人四手按摩、三人六手按摩，或者同时专注于多种感官感觉，使得对方不胜负荷，因而遁入催眠状态；以信息超载的概念而设计的技巧。

渐进式放松法

最普遍、最古老的诱导技巧，可以与其他技巧结合，也可作为深化技巧。

这个技巧非常简单，而且适用于绝大多数人，只要熟练运用它，你可以在 10 分钟之内成功催眠 90% 以上的人。

用稳定、低沉的声调，从容地发声，引导的时候，让自己也处于非常宁静的 α 脑波状态，这样，催眠别人的时候，你也在修炼自己。

注意诱导时的节奏，该停顿则停顿，让受术者有时间去进行内在运作。

现在，把你的身体调整到最舒服的姿势。

请将眼睛闭起来，眼睛一闭起来，你就开始放松了。

注意你的感觉，让你的心灵像扫描仪一样，慢慢地，从头到脚扫描一遍，你的心灵扫描到哪里，哪里就放松下来。现在开始，你发现你的内心变得很平静，好像你已经进入另外一个奇妙的世界，远离了世俗，你只会听到我的声音和背景音乐的声音，其他外界的杂音都不会干扰到你。甚至如果你听到突然传来的噪声，你不但不会被干扰，反而会进入更深更舒服的催眠状态。

现在，注意你的呼吸，你要很深很深地深呼吸，有规律地深呼吸，慢慢把空气吸进来，再慢慢把空气吐出去。深呼吸的时候，想象你把空气中的氧气吸进来，空气从鼻子进入你的身体，流过鼻腔、喉咙，然后进入你的肺部，再渗透到你的血液里，这些美妙的氧气经由血液循环，输送到你全身每一个部位、每一个细胞，使你的身体充满了新鲜的活力。

吐气的时候，想象你把身体中的二氧化碳统统吐出去，也把所有的疲劳、烦恼、紧张统统送出去，让所有的不愉快、不舒服都离你远去。

每一次的深呼吸，都会让你进入更深沉、更放松、更舒服的状态。

注意你的呼吸，当你专注于呼吸的时候，觉察空气在你体内流通，感觉氧气进入全身每一个细胞，你的身体就会自动展开补充能量的过程，你越能集中注意力于你的呼吸，你的身体就会越健康、越有活力。

从现在起，继续深呼吸，你一边深呼吸，一边聆听我的引导，很自然地，你什么都不必想，也什么都不想想了，只要跟着我的引导，很快你就会进入非常深、非常舒服的催眠状态。

现在，注意你的头顶，让你的头皮放松……

头盖骨也放松……

注意你的眉毛，让眉毛附近的肌肉放松……

放松耳朵附近的肌肉……

放松脸颊附近的肌肉……

放松下巴的肌肉……

放松你的脖子……

放松你的肩膀……

放松你的左手……

放松你的右手……

注意你的胸部，让胸部的骨头、肌肉都放松……

放松你的背部，让你的脊椎与背部肌肉都放松……

彻底放松你腹部的肌肉，毫不费力地，然后你的呼吸会更深沉、更轻松……

放松你的左腿……

放松你的右腿……

继续保持深呼吸，每一次你呼吸的时候，你会感觉自己更放松、更舒服……

眼睛凝视法

让对方或躺或坐，安顿好之后，指示他：

现在看着正前方的墙壁，注视正中央那一点，并且固定在那一点，非常专心地凝视。

一边凝视，一边感觉到你的身体越来越放松……

任何时候，当你觉得自己进入催眠状态时，就可以把眼睛闭起来。

在你凝视那一点的时候，你也会感觉到整个人越来越安静，念头越来越少，你可以很清楚地觉察心中流过的每一个念头……

现在，你感觉到身体更放松了，你呼吸的速度也变得比较慢，慢慢地，你会感觉到眼皮一点一点地越来越沉重……

你的意识会渐渐进入一种恍惚的状态，你仍然是清醒的，但是有一种宁静的感觉，好像你渐渐地置身于另外一个时空……

继续专心凝视那一点……有时候，你会忍不住眨眨眼睛，这是很正常的，你每眨一次眼睛，就更接近催眠状态……

你的身体越来越放松了，你的念头也越来越少了……

你只会听到我的声音，外面其他的声音会变得好像从远方传过来的，不但不会妨碍你，而且还会帮助你进入催眠状态。

你的眼皮越来越沉重……

当你感觉到眼皮沉重到某个程度时，你就会自然而然地把眼睛闭起来，享受那种眼睛闭起来的舒服感受，而且，当你眼睛一闭起来的时候，你就自然而然地进入催眠状态了。

眼睛凝视法一样有多种变化形式供催眠师灵活运用。

凝视的对象，也可以从墙壁上的某一点，自由自在地转换成催眠现场任何一景一物。

例如面对窗外的话，可令受术者凝视远方一棵绿意盎然的树，如果室内有烛光、水晶柱、佛像、宝石之类的具有能量的东西，也是绝佳的凝视对象。

譬如凝视水晶柱，还可以加进能量引导：“当你凝视清澈的水晶柱时，你会感受到一股清凉的能量注入你的眼睛里面，使你的眼睛特别舒服，而且你的内心也跟着更安静了……”这样会使得催眠的过程中增添“新时代”元素，对许多人来说，会更容易进入状态。

如果是夜晚的话，凝视摇曳生辉的烛光，将会是十分别致的方式。

凝视烛光来入静，是传统禅定的方法。

这里面其实有现代脑波科学的理论根据。

因为烛光的闪烁速率，与人脑 α 脑波的频率是一致的。

所以作为催眠诱导技巧，凝视烛光堪称是又美丽又实用的手法了。

数数法

等一下我会从 1 数到 20，每数一个数字，你的身体就会更放松，内心就会更宁静，等我数到 20 的时候，你就会进入催眠状态了。在数数的过程中，你随时会进入非常舒服的感觉，这时，每数一个数字，都会使你进入更深更深的催眠状态。

数数法是超级好用的技巧，催眠治疗师爱用，舞台催眠师也爱用，它可长可短，可以诱导，可以深化，还可以在任何时候让它露脸。

而且不知道为什么，人的心智喜欢数数，数数的时候，人就容易安静下来。

实际运用时，虽然从开始催眠到解除催眠都可以使用数数法，不过为了美感起见，最好是采用复合技巧，让催眠是彩色的，不是黑白的。

数息法

数息法是从佛陀时代就流传下来的禅定技巧，简单而好用。

现在，我推荐的方法是深呼吸结合数息法的复合技巧。

这个方法是这样的：每深呼吸一次就在心里数一个数字，从 1 数到 10，再从 10 数回 1，所以，数的顺序依次是 1、2、3、4、5、6、7、8、9、10、9、8、7、6、5、4、3、2、1、2……这样反复进行。

这种循环式数法有一个很大的好处是，如果你发现自己数着数着，数出像 15、20 这样越界的数字，你就会知道刚刚数到 10 的时候，没有觉知，没有活在当下，你就可以提醒自己提起正念，再从 1 开始数起。

注意，数息的时机是在吐气的时候。

明白数息法的做法之后，你可以简单地说：“等一下我要请你开始深呼吸，每一次吐气时数一个数字，从 1 数到 10，再从 10 数到 1，然后反复地数，任何时候，当你觉得进入催眠状态时，请发出‘嗯’的一声，然后我就会给你进一步的引导。”

你也可以在受术者数息时，随时询问他“现在数到几了”，以确定他没有落入昏沉的意识状态。

自我催眠时，数息法特别好用，是我偏爱的技巧，因为简单，所以好用，而且应用范围广。

我自己在睡觉时，有时会跟着脑海的思绪流动而睡不着。这时，一旦觉察了，提起正念，配合深呼吸，从 1 数起，几乎数不到 10 次，就自然入睡了。

我也教个案用这个方法，例如要与客户见面谈大案子前，忽然情绪紧张，心脏怦怦跳，这时，可以告诉自己："我会慢慢从 1 数到 10，每数一下就更放松，数到 10 的时候，我就会稳重、冷静、清醒。"然后一边深呼吸，一边数呼吸，很快，整个人就进入状态，可以拿出最好的自己来面对客户了。

自动回溯法

曾经有过催眠经验的人，只要让他回想当时的状况，叙述身心的感受，他就会自动回到当时的状况，自然而然进入催眠状态了。

同样地，练气功的人有过功态体验，练静坐的人有过入定的经验，艺术家有过灵感泉涌的经验，你都可以让他闭上眼睛，详细叙述当时的情境，细节越多越好，他就会自动回溯到这种状态中，无形中就完成催眠诱导了。

非语言诱导技巧之一：转头诱导法

催眠诱导一定需要最起码的语言引导，所谓的"非语言诱导"是指以语言引导为辅、身体动作为主，通过一定的身体动作来引导对方进入专注、放松的状态，对于思虑多、身体状况不佳的人特别好用。

让受术者舒服地坐在椅子上，脊背挺直，你站在他的后方，双手分别放在太阳穴这一带的区域，以自己手势顺当、对方不觉压迫为原则。

暗示他："我会慢慢转动你的头部，你会渐渐感觉自己进入一种舒服、安详的状态，仿佛回到胎儿无忧无虑的状态……当你觉得自己进入这种状态时，发一声'嗯'，让我知道，然后我会给你进一步的引导。"

嘱咐完毕，双手缓和左右转动他的头部，保持非常大的耐性，自己也处于宁静、安详状态，通过双手，把你的宁静、安详、关心传送给他，也可以加入白光或金光或其他光色的观想，想象能量从天上下来，经头顶进来，再由双手手心传送给他。

一般而言，徐徐转动 30 次至 50 次，必能见到效果。

转动的过程中，也可以渐渐加快，再渐渐放慢，保持规律的节奏。

无论转动的速度快或慢，都以让受术者感觉舒适受用为原则。

双手放置之处也可以一手贴着额头，一手托着后脑。

使用这个方法，要有大决心，受术者不进入催眠状态，你就不停止手上的动作，把你对个案的关怀与催眠师的意志展现到底！

那么，就没有不能催眠成功的受术者了！

非语言诱导技巧之二：抚下法

这是老派催眠师喜欢用的手法，经我试验后，也收到了很好的效果。这个手法，蕴含的使人进入催眠状态的机制，十分耐人寻味，值得学习催眠者深思。

请受术者静坐椅子上，闭上眼睛，双手下垂。

然后以双手指头按住受术者的眉心，慢慢向左右分开，沿着额头、耳朵、肩膀、手臂、手腕，一路抚摩下来，到达指尖为止，然后双手再按回到受术者眉心，反复进行。

一边抚下，一边暗示："你的血液渐渐向下流动，头脑越来越清爽，内心越来越宁静，手脚感觉到很轻松、很舒服……你会进入很好的催眠状态……"

可以适度结合数数法或其他技巧来强化效果，并且随时观察受术者的情况，灵活调整催眠词。

老派的催眠师会很有毅力地连续抚下 30~50 次，直至施术者进入催眠状态为止！

PS：有时候，不方便碰触时，可以略微调整这个方法，以同样的手势隔着肌肤一寸来进行抚下，称为"离抚法"。

其他诱导技巧

只要把握住让受术者专注而放松的原则，你可以随心所欲设计催眠技巧。

例如，手臂上浮，借由手臂一格一格向上飘浮，每上升一格就更放松、更宁静，就是一个好技巧。

例如指压催眠，通过按摩的手法，让受术者的注意力集中在指压碰触的地方，就是好技巧。

按摩本来就很舒服，再加上催眠诱导的话，效果就会加倍。

所有的按摩师都应该来学催眠。

例如摇晃法，借由摇晃受术者的身体，产生类似婴儿躺在摇篮里或孩子玩荡秋千的舒服晕眩效果。

高级诱导技巧

记忆引导：让其回想往事，而越想越深入，越想浮现越多细节与感受，自然而然就进入催眠状态了。

这是“诱导、深化、治疗”三合一的高级技巧，是我临床治疗时使用得最多的诱导技巧。

情境引导：我心目中的超一流诱导技巧，或者说，它不只是技巧，更是一种心法。催眠师可以运用当下情境的任何声、光、触、嗅、味的线索，作为专注的媒介，任何原本被视为噪声、妨碍的刺激，都可以转化成进入催眠状态的触媒。于是，落叶飞花都可以信手拈来成为武器，催眠师有能力在任何地方执行催眠，不管是嘈杂的餐厅、扰攘的火车站，还是车水马龙的街头……

请读者思考看看：

1. 如果任何东西都可以作为催眠的工具，那么，如何用一支笔来帮人催眠？

2. 如果任何地方都可以进行催眠，那么，如何在嘈杂之处为人催眠？

大卫·艾尔曼（Dave Elman）催眠诱导法（廖阅鹏译）

深呼吸，深深地吸气进来，使你的胸腔吸饱气之后，闭气一会儿，然后当你吐气的时候，把眼睛闭起来。让你自己放松，把你身体的紧张释放掉，让你的肩膀放松，此时此刻你可以完全放松了。

现在注意你的眼皮，你知道你可以让眼皮完全放松，你可以让眼皮进入非常深的放松状态，一旦你决定要处于这种放松的感觉，眼皮就无法动弹了……而当你感觉到眼皮完全放松，无法睁开的时候，你可以试试看，确定眼皮已经睁不开了，然后你会感觉到那种放松的感觉非常舒服。你可以试试看那种睁不开眼皮的感觉，再试一次。好，停止尝试，进入更深的放松状态。

现在你感受到的眼皮的放松感觉会扩散到你的全身，使你的全身也变得这么放松。所以，让你的头也这么放松……把这种放松的感觉从头部开始，一直扩散到你的脚指头，让所有的肌肉都放松，让所有的神经都放松，让所有的骨骼都放松……让自己进入更深更深的放松状态……很好，就是这样……

现在我还要引导你更放松……等一下我会请你睁开眼睛，再闭上眼睛。当你闭上眼睛的时候，一种舒服的感觉流过你的全身，很快地，你身体的每一个部位都会放松，比现在更加放松 10 倍……只要你想要这种深度放松，就会进入深度放松状态……

现在睁开眼睛……闭上眼睛……然后完全放松……感觉整个身体完全放松……非常非常放松……非常好……

等一下我会请你再一次睁开眼睛，闭上眼睛，这次当你闭上眼睛时，你的身体会加倍放松……你的催眠状态会加深两倍……现在睁开眼睛……闭上眼睛……更深……更深……完全放松了……

等一下我们会再做一遍，并且你会发现这是非常简单的，你会进入非常棒的状态，你的舒服感受会加深两倍……完完全全放松……非常好……非常好……

等一下我会把你的右手举起来，然后放下它，你不必用力支撑手臂，让它自己掉下来，等它掉下来时，注意看看，你的身体会非常容易地放松……（手臂掉下来了）非常好……进入更深更深的状态……非常棒……

现在，你的身体已经完全放松了……接下来我们要做的是让你的心也放松下来。当你的心完完全全地放松了，你就能得到所有你想得到的东西。当然，是在合理的范围之内。

等一下我会请你从100开始往回倒数，缓慢地数出声音来。每数一个数字之后，就简短地说："放松，更放松……"每数一个数字，你的内在就会加倍地放松，也让你的心加倍地宁静、平稳、安详。

只要你跟着我的引导，你会发现，在数了几个数字之后，用不了多久，你的心就会进入非常深、非常完美的放松状态。甚至，你会放松到连其他的数字都忘记了……只要你想要这种深度的放松，很快地你就会进入这种深度的放松状态……

慢慢从100开始往回倒数，并且数出声音来……然后说："更深更深……"之后，你就会放松到所有的数字都不记得了……

"100。放松，更放松……"很好……

"99。放松，更放松……"非常好……

"98。放松，更放松……"现在，这些数字变得渐渐模糊了……渐渐遥远了……它们已经不重要了……

"97。放松，更放松……"当你准备好了，你只要忘掉这些数字就行了……

"96。放松，更放松……"现在，忘掉这些数字……只要你叫它们离开，它们就会消失。只要让它们自然地消失就行了……让它们完完全全地消失……

所有的数字是不是都消失了？

"是。"

佛劳尔斯博士诱导法（廖阅鹏修订）

介绍期：

看着前方的墙壁，想象你能看穿墙壁，看见一幅很美的风景，好像做梦一样看着远方的风景。

未来式：

等一下，你会发现身上的肌肉慢慢放松，脸上的肌肉会放松……你的手会放松……你的腿会放松……你整个身体会放松……当你非常放松的时候，就会闭上眼睛，进入一种非常舒服、平静的放松状态。我会慢慢从 20 数到 1，每数一个数字时，请你闭上眼睛，再慢慢睁开眼睛。在我数到 1 之前，也许是 15，也许是 10，也许更小，你就会闭上眼睛，再也不想睁开，进入非常棒的催眠状态。

现在式：

你的肌肉已经放松了，你的脸放松了，你的手放松了，你全身都放松了，现在我要开始数数了，20、19、18……

控制期：

当被催眠者眼睛闭上较久时，立刻控制局面。说："闭上眼睛，放松，进入更深的催眠状态。"

解除催眠：

等一下，我会从 1 数到 5，当我数到 5 时，你将会完全清醒，精神抖擞，头脑清楚，觉得全身舒畅。1. 你开始从催眠中清醒过来。2. 觉得全身舒畅。3. 你的头脑非常灵活，精神抖擞。4. 眼睛开始睁开了。5. 眼睛完全睁开，完全清醒，觉得神清气爽。

然后非常正面光明地问他："现在感觉很棒，对不对？"

在催眠中，最好暗示："以后每次催眠，你都会一次比一次更容易进入催眠状态，而且进入更深的催眠状态。"

请读者思考看看：

1. 大卫·艾尔曼（Dave Elman）诱导法的精髓在哪里？
2. 佛劳尔斯博士诱导法的精髓在哪里？

催眠深化技巧

催眠深化技巧，有无限种。

以下我除了介绍常用的深化技巧之外，最后会在"半夜里睡不着了怎么办？"一节中点出如何灵活进行催眠深化的诀窍。

渐进式放松法

它除了是最普遍的诱导法，也是好用的深化法。

数数法

等一下，我会从1数到10，每数一个数字，你的身体会更放松，心里会更宁静，等我数到10的时候，你整个人会进入更深更深的催眠状态……

PS：数数法可以当诱导技巧、深化技巧、转化场景技巧、解除催眠技巧……应用范围很广，而且有无数种的变化，正数、逆数、间隔数……请灵活发挥。

手臂下降法

简单、有效的方法，容易判断受术者的状态，而且受术者可以根据自己的节奏来调整。

现在我会把你的右手举起来，保持在这个高度。

等一下当我把你的手臂放开时，你就按照自己的感觉，一点一点地放下来。你的手臂每放下一点，你的身体会更放松，心里更轻松自在。等到你的手臂回到原来的地方时，你就会进入比现在更深 2 倍的催眠状态。

你可以依照当时的状况，来决定用更深多少倍，例如 5 倍、10 倍。依照经验，2 倍是合理的期待值。你也可以单纯地说："进入比现在更深更深的催眠状态。"

然后，轻轻把手放开，看着他一点一点放下手臂。

等他放下后，观察他的表情、肌肉是否进入更深催眠状态，如果你不确定，可以问他："现在你的身体有没有更放松？你的心里感受到了什么？"

如果结果是有，你就可以继续下面的治疗了；不然的话，可以再用一次手臂下降法，或者换其他深化技巧，例如数数法。

下楼梯法

古老而好用的方法，必须先确定个案对于地下室没有既存的恐惧。有些人对阴暗、地底有不良的情绪联结。

每次使用下楼梯法，目的都会有所不同，所以请按照需求来适度修改下面的诱导词。

通常用来探索内心深处、提取记忆、挖掘潜意识藏放的素材。

现在想象你就站在楼梯上准备向下走，这个楼梯共有 10 级，我会引导你一级一级向下走，每往下走一步，你就会进入更深的催眠状态，你的身体会更轻松、更舒服，你的心里会更宁静、安详。等你走到第十级楼梯时，你就会进入比现在更深入好几倍的催眠状态。（如果是前世回溯，就可以说：“等你走到第十级楼梯时，你就会回到一个对你有重大影响的前世事件……”）

现在向下走到第一个阶梯，身心都更放松了。

继续往下走到第二个阶梯，你感觉到脑海里越来越宁静。

继续往下走到第三个阶梯，你很喜欢这种越来越放松的感觉。

继续往下走到第四个阶梯，你的呼吸更加顺畅，每一次吸气的时候都会把一种非常舒服的感觉吸进来。

继续往下走到第五个阶梯……

继续往下走到第六个阶梯，全身进入一种非常舒服的状况，好像所有的压力、束缚都消失了。

继续往下走到第七个阶梯……你很喜欢现在这种轻松舒服的感受。

继续往下走到第八个阶梯，你越来越深入你的潜意识，有一种仿佛回到心灵故乡的心情，充满安全与宁静的感觉。

继续往下走到第九个阶梯，即将到达深度放松的催眠状态了。

继续往下走到第十个阶梯，仔细品味、感受，好好地享受深度放松的滋味……你即将走入地下室……去探索你的心灵深处……

搭电梯法

这是我常用的技巧，可以随着不同目的来临机应变，是一个十分有趣的手法。

譬如说，很单纯地加深催眠状态，你可以对个案说：“现在想象你置身于一部电梯里，等一下我会慢慢从 1 数到 10，每数一个数字，你都会感觉到电梯下降一段距离。等到数到 10，你就会到达非常深的潜意识，进入非常棒的催眠状态。”

如果个案想寻求更高智慧的指引，如下引导，往往成果斐然：

“想象现在你就置身于一部电梯当中，这是一部通往高层潜意识的电梯，当我慢慢从 1 数到 20 的时候，你就会上升到具有无穷智慧的高层潜意识，然后你所期盼的答案就会自然浮现在你的心上。”

有的时候，个案已经进入催眠状态了，接下来要回到 12 岁那年去处理一些童年创伤，那你就可以这样运用：“现在想象你置身于一部电梯中，我会慢慢从 1 数到 12，数到 12 的时候，电梯会上升到 12 楼，然后电梯门自动打开，你就回到 12 岁，清晰地看见当时的情景。”

如果是在前世回溯催眠中，搭电梯法也可以发挥妙用。

例如说：“现在想象你置身于一部电梯中，电梯的仪表板可以显示公元年代，现在是 2020 年，你看到数字了吗？好，现在，我会慢慢从 1 数到 10，这部电梯就会带着你回到一段对你影响非常大的前世，当我数到 10 的时候，电梯会停止，然后你看看仪表板的数字，就会知道你回到了那个年代。接着，电梯门自动打开，你走出去，就回到那段前世记忆中了。”

搭电梯法，一样可以有无限种的应用。

弹手指头之瞬间深化技巧

很有趣的手法，常常用于催眠秀，制造戏剧化效果。

“等一下当你听到我弹手指头的时候，请你立刻点头，直到下巴碰到胸口，然后你会进入非常深的催眠状态……”

之后，还可以在催眠后暗示：“以后，当你听到我弹一下手指头，你也会迅速垂下头来，立刻进入催眠状态……”

这样一来，就会出现这样的惊人画面：催眠师弹一下手指头，受术者就头一点，瞬间被催眠了！

甩手法（Arm Drop）

等一下，我会轻轻提起你的右手，再把它放在你的大腿上，保持放松，不要用任何力量帮助我，让你的右手完完全全放松……

现在我要提起你的右手，当手臂落在你的大腿上时，你会加倍放松，并且进入更深的催眠状态（提起受术者的右臂，放下）。你的放松程度会加深两倍，并且进入更深的催眠状态……

现在我要再一次轻轻提起你的右手，当手臂落在你的大腿上时，你会更放松更放松（提起受术者的右臂，放下）。

吐气下压法

受术者坐着，站在他的身后，双手放在他的肩膀上，说："等一下我会从1数到10，然后你会进入比现在更深更深的催眠状态。"

观察他的呼吸，每次在他吐气的时候，双手下压；在他吸气时，双手松开，并且在他吐气的时候数数。

受术者感受到肩膀的按压与松开，更容易专注，更有助于他放松、深化。

点穴位法

有时候在使用转头诱导法之后，趁着手还停留在受术者的头上，可以顺手转换为点穴位法来深化。

一边轻按着头部的关键穴位，一边说："现在你可以感觉到我的手指轻轻按着头部的穴位，这些穴位可以帮助你进入更深更深的催眠状态……我会连续按着这些穴位20次，那时候，你会进入比现在更深入好几倍的催眠状态……"

点穴位法还可以有许多变化，请发挥创意！

请读者思考看看：

1. 如何利用此时此地的素材，来作为深化的媒介？

2. 1小时内持续催眠，跟1小时内做好几次催眠，哪一种方式能进入更深的催眠状态？

3. 如何运用门、洞穴、湖水等意象来深化、引导被催眠者至特定状态，如年龄回溯、回溯问题根源？

催眠深化的灵活运用：半夜里睡不着了怎么办？

在教授催眠时，常常会遇到学员问一个问题：“如果受术者在催眠中忽然表达想尿尿，这时该怎么办？”

回答这问题之前，要先建立三个观念：

第一，催眠状态与普通意识状态之间是可以来来去去的。

第二，可以借由反复进出，而一次比一次进入更深的催眠状态。

第三，所有催眠过程中发生的事情，都可以借力使力，转化成“深化”的助力。

有了这三个观念，就很清楚该如何回应了。

你可以直接对受术者说：“等一下你可以轻松地去洗手间，结束之后，再回到这里，然后，闭上眼睛，你会进入更深的催眠状态。”

这个应对机制可以应用在很多范围。

例如，半夜里睡不着了怎么办？

只要明白了这个道理，就很容易处理。

当你发现睡不着了，观察一下，睡不着的原因是什么。

大多数人会半夜起床的原因，是身体发出信号，要尿尿了，不能再忍了。

这时候，在你睁开眼睛之前，你就先给自己下个指令：“等一下我会安安静静去尿尿，尿完后，再回到床上，一闭上眼睛，我就会立刻入睡，甚至睡得更熟……”

然后，你就心平气和地起来，保持觉知地完成尿尿这神奇美好的生物机制，然后，保持觉知地回到床上，把眼睛闭起来，感受睡意再度降临，你的意识一滑动，就进入了甜蜜的梦乡……

其次，半夜里常常会起床的原因是电话响了！

尤其这是手机的时代，人人不离手机，如果睡眠期间没有把手机音量调小，往往是会被惊醒的！

睡到一半听到手机响了，当你的意识醒来的第一时间，立刻警觉，并且保持觉知，不要立刻接，这是一个觉知练习，提醒自己不要掉入机械性行为模式中。

然后，等到手机响了第二声或第三声，再去接。

接手机之前，迅速在心里下指令："等一下讲完话，我会心平气和地继续睡，一闭上眼睛，我就会立刻入睡，甚至睡得更熟……"

这催眠指令乍看之下好像很长，其实，在心里运作时，也不过是一串心念闪过去就完成了。

然后你可以接手机，该怎么应对就怎么应对，一讲完话了，就回头是岸，心平气和地入睡！

《菜根谭》里有一段话说："风来疏竹，风过而竹不留声；雁渡寒潭，雁去而潭不留影。故君子事来而心始现，事去而心随空。"

这其实是非常好的控制心的外界描述，你可以参考这段话，而进行内在操练。操练的次数多了，就会熟悉那种"事来而心始现，事去而心随空"的运作机制。

如果你起床的原因是突然要去做一件事情，假设是事情 ××，你一样在心中给自己下个指令："等一下我会安安静静去做 ×× 这件事情，做完后，我会立刻回到床上，一闭上眼睛，就会立刻入睡，甚至睡得更熟……"

总之，掌握好了"无论起床去做什么事情，回到床上都会立刻入睡，甚至睡得更熟"的设定自我催眠指令原则，你就不需要担心半夜里睡不着的问题了，反而可以从容享受睡眠，无论发生什么事情，你都能处理，而且处理好之后，反而有一次心灵跳跃的机会，可以让你睡得更好。

解除催眠的技巧

解除催眠的技巧，有无限种。

首先，请使用全世界最简单的解除催眠技巧：

“等一下当我从 1 数到 3 时，你就可以睁开眼睛，恢复正常清醒的意识状态，而且感觉到神清气爽。”

这是数数法的简单应用。

再来，你可以随意运用一个信号，来传达“要结束催眠啦”的指令。

例如，“等一下当你听到我拍手三下，就可以睁开眼睛，解除催眠，并且感觉到身心舒畅”。

这个信号，可以有无限种的可能性，例如以手轻拍个案的肩膀、摇铃、听到某一首乐曲等。

所以，你可以释放你的想象力，自行设计当下最恰到好处的解除催眠的技巧。

如果个案应该睁开眼睛醒来，却仍然闭着眼睛，该怎么办？

请记住：在没有搞清楚问题真相之前，别急着处理！

所以，先了解个案为什么没睁开眼睛。

也许是太舒服了，不想结束。

也许是睡着了，所以没收到解除催眠的信号。

也许是内在运作还没告一段落，还需要一点时间。

也许是想吸引别人的注意，尤其在公开场合。

解除催眠之后，根据临床经验，在 3 分钟之内，都还很容易迅速进入催眠状态，所以如果有必要的话，可以轻易引导他再度进入更深的催眠状态。

建议：以温和、优雅、愉悦的方式解除催眠，勿惊吓，勿恶趣！

有些催眠师会说："现在你已经感觉尿意越来越浓了，你会起来上厕所……"

在我看来，并非绝不可用，而是品位的问题——催眠师要有高雅的品位。

同时，催眠是在信赖的基础之上催眠师与受术者共同完成的一件事情，所以，在催眠结束的时候，也要保持信赖、和谐的美好关系，让对方在催眠结束后，感觉自己更好、更棒。

绝对不要使用惊吓的方法，也不要使用低俗手法。

最后叮咛：确保个案离去时神志清明，并解除不必要的指令。

有些进入很深状态的个案，解除催眠后，需要较长的时间才能完全与现实同步，所以要确保个案离开时保有清醒的心智，能够平安回家。

我曾听说过，有催眠师生意太好，为了把咨询室让给后来者，个案在意识尚处于恍惚之际，就被送出门了，以至于在街头呆呆站了将近一小时，才大梦初醒，一时之间搞不清自己为什么戳在这里，内心惊恐不已。

这是有违专业伦理的行径。

最后，记得要解除不适合带入正常生活中的指令，例如为了测试敏感度，也许曾经植入的"从 1 数到 5 会数不出某个数字""你会忘记自己的名字"等指令。

请读者思考看看：

1. 催眠到一半，个案就自己清醒过来了，怎么办？

2. 解除催眠后，还可以用哪些手法帮助个案"更清醒"？

3. 有没有可能真的有人催眠之后醒不过来了？

瞬间催眠概论

何为瞬间催眠

我从 2005 年开始研究瞬间催眠，到了 2007 年完全心领神会，将瞬间催眠手法整理归纳为十大系列。从此之后，脑海里仿佛启动了一部全自动瞬间催眠技巧产生器，历缘对境，一个个瞬间催眠技巧就自动出现了，似乎是直接从宇宙掉下来的。

从此之后，我的催眠治疗也提升到更高的层次，生活中也常常有用得上瞬间催眠的时候，人生也变得更加有趣味了。

现在我的脑袋里随时可以拿出来用的现成的瞬间催眠手法至少有 100 种，笔记里整理好的有 400 多种，而且还在持续累积中，有机会的话，以后再来撰写一本《瞬间催眠圣经》。

瞬间催眠不但是引导人们进入催眠状态的新路径，在历史上，最高境界的瞬间催眠甚至可以引导人当下开悟，打破黑漆桶，刹那间明心见性！

我期待你领悟心法之后，也能随心所欲使用瞬间催眠，随心所欲创造新技巧，帮助你的生命境界更上一层楼。

一般来说，30 秒到 3 分钟内引导人进入催眠状态，可称为快速催眠，而瞬间催眠则是指在几秒钟内让人进入催眠状态。

也可以这么说，只要你成功地让人感觉到“哇！这么快就把人催眠了”，就能算是瞬间催眠了。

瞬间催眠的作用

大幅度减少诱导的时间：如果你能在 1 分钟内引导人进入催眠状态，为什么要花 10 分钟？

帮助你更深刻领悟催眠的本质，使你拥有丰富多变的催眠手法。

更能掌握被催眠者的状态，从而给予灵活的引导。

强化催眠师的自信。

制造令人震惊的戏剧性催眠效果。

瞬间催眠的程序

瞬间催眠的程序，大致可拆解成五个步骤：

1. 制定合约。

2. 设定信号。

3. 制造意料之外的震撼效果。

4. 迅速进入催眠状态。

5. 承接：立即引导至接下来的步骤。

制定合约，就是取得受术者信任，愿意接受催眠，全力配合，把内在抗拒降至最低。

设定信号，就是设定一个受术者进入催眠状态的信号，例如“睡”，明确让受术者知道当他接收到这个信号之后，该做出什么样的响应。

制造意料之外的震撼效果，就是做出受术者没有预料到的动作或发出声音，让对方当下内心寂静无念，瞬间进入转化意识状态。

下文技巧之二“握手惊吓法”，就是在对方以为你要进行习以为常的握手时，手一握的那一瞬间，你忽然把手往上一提，吓了对方一跳，这时喊一声“睡”，瞬间催眠就完成了。

最后，第五步的承接非常关键，如果没有实时承接，受术者可能又瞬间返回平常意识状态，功亏一篑。

所以，当受术者进入催眠状态之后，立刻承接，给予进一步的指令，让受术者觉得有任务必须要去做，不会被杂念占据心头，好巩固既有的催眠深度，并展开接下来的催眠程序。

瞬间催眠技巧

根据我的研究、教学与实践，我将瞬间催眠手法分成十大系列：

1. 基本系列；2. 握手系列；3. 眼睛系列；4. 手部系列；5. 倒地系列；6. 站姿系列；7. 坐姿系列；8. 信息超载系列；9. 混淆系列；10. 潜猎系列。

下面列举几种常用的手法。

技巧之一：破坏重心倒地法。

适合团体演讲、舞台催眠，制造戏剧化效果。因为动作太大了，不推荐用在咨询室里。

技巧之二：握手惊吓法。

技巧之三：双手闭合前倾法。

技巧之四：左右换手法。

伸出右手，好像要跟受术者握手，等他伸出右手，立刻变成左手伸出去，等他换成左手时，再立刻换回右手。当他再度将右手伸出时，立刻握住右手，往上一提，此时受术者内心一惊，进入短暂无念状态，瞬间催眠完成。

技巧之五：数数意外法。

例如，对受术者说：“当我从 1 数到 5 的时候，会把你的手臂举起来。”结果，你数到 4 的时候，就冷不防把手臂给举起来了！

技巧之六：压手法。让受术者用力把手压在你手上，你施力顶住，一段时间后，忽然松手，顺势把他的上半身拉下，他一受惊，就进入催眠状态了。

技巧之七：抛麦克风法。

特别适合在大众面前示范。

由于麦克风是一般人心目中精密的音响器材，怕它摔在地上会损坏，说不定还会发出刺耳的噪声，所以人们会下意识地想把抛向自己的麦克风稳稳接住。

请受术者上前，制定合约之后，微微晃动麦克风，吸引他的注意力，告诉他："注意这支麦克风，当我从 1 数到 5 的时候，我会把麦克风丢给你，你会准确地接住麦克风。"结果，你数到 4 的时候，就突然把麦克风抛过去，他会一惊之下，来不及思考，伸手接住麦克风，并处于短暂的心无杂念状态。

你立刻跟进说："闭上眼睛！"同时，走到他身边，一边摇晃他的肩膀一边说，"现在你已经进入催眠状态了……"（对他来说，你上前摇晃肩膀又是一个意外。）

技巧之八：高难度数数法。

要求受术者进行高难度数数法，例如从 101 万开始，每数一个数字，就往上加 37；或者，从 2 开始，每数一个数字，就乘以 2 倍，成为等比级数。一直数到受术者负荷饱和之时，瞬间喊停，就会宛如从狂风暴雨的怒海进入宁静的港湾，身心舒服无比，遁入放松愉悦的催眠状态。

还有无数种瞬间催眠技巧，等待你来发现，等待你来发明！

讨论：

如何使用不超过 30 个字的诱导词，成功引导受术者进入催眠状态？

廖阅鹏按：不建议在初级课程教授瞬间催眠技巧。新手无法掌握要点，还可能会染上怪招怪词的毛病。最好在基本催眠技术熟练之后，再来练习。

瞬间催眠的最高境界

> 师（百丈怀海）侍马祖行次。见一群野鸭飞过。祖曰："是甚么？"师曰："野鸭子。"祖曰："甚处去也。"师曰："飞过去也。"祖遂回头，将师鼻一搊，负痛失声。祖曰："又道飞过去也。师于言下有省。"
>
> ——《百丈怀海禅师语录》

在这故事中，马祖道一问百丈怀海："是什么？"其实不是问这只野鸭，而是禅师最拿手的指月手法，他问的其实是本体的佛性，然而百丈没有及时领悟，便落在现象界来回答。

佛性不动，岂有来去？所以马祖出手了。

在那电光石火之间，马祖重重扭了百丈的鼻子。在那剧痛的一瞬间，在那受惊的瞬间无念状态，百丈被诱导进极深的转化意识状态。

在禅宗历史上，马祖道一是一位开创教学方法新境界的大禅师，他曾经用打人、踢人、大喝一声的方式成功帮助弟子开悟了。

例如，水老和尚来拜见他，才刚一礼拜，马祖趁他还趴在地上时，就给他一脚踢下去！

开悟后的水老和尚日后对弟子们说："自从一吃马师踢，直至如今笑不休！"

例如，百丈怀海被他扭鼻子之后，算是初步悟到本地风光，但是还不够深，所以一段时间后，马祖逮到一个机会，对百丈大喝一声，使他"三日耳聋"，这一喝，就把百丈逼迫到大悟状态了。

后来的禅师提到百丈遭马祖喝、临济吃黄檗棒、高峰原妙把断崖了义打落悬崖、睦州和尚陈尊宿挤断云门文偃一条腿等事迹，莫不心生赞叹！

当我领悟瞬间催眠之后，回头来看古代的禅师，可以说这些伟大的禅师就是瞬间催眠大师啊！

不过，这种手段不是一般人能随意模仿的，需要高度觉知才能掌握得好。后代禅者也常常模仿这些招式，结果画虎不成反类犬，在晚期禅门语录里留下不少这类闹剧。

在大师手上，这种动手动脚又大吼大叫的启悟手段，让人在瞬间进入转化意识状态，进而体悟心性的本来面目，可以说是瞬间催眠的最高境界了。

回归中心催眠引导

回归中心，意指不再把人格自我认同为自我的唯一存在，不再认同情绪、理智的运作，不被外在的声光刺激牵着走。

回归中心，意指觉察到真我的存在。

回归中心，意指进入一种清醒的意识状态，人能真实觉察自己与世界的实相。

在进行催眠治疗之前，如果能先引导个案回归中心，让他认识到恒常觉知的真我的存在，肯定能大幅提升治疗的质量。而且，在回归中心的过程里，常常会接通超意识，使个案获得超越性的智慧指引，这样，往往问题就自然消融了。

观察“观察者”练习

引导个案进入催眠状态后，让他以轻松、宁静的心情环顾四周，然后把注意力集中于一个物体，看清所有的细节：颜色、大小、形状。

然后询问他：“是谁在看？谁在观察这一切？”

引导他注意自己如何转动头部和眼睛，观察不同的东西。

引导他：“当你在观察这些东西的同时，也请你观察自己是如何观察这些东西的……”

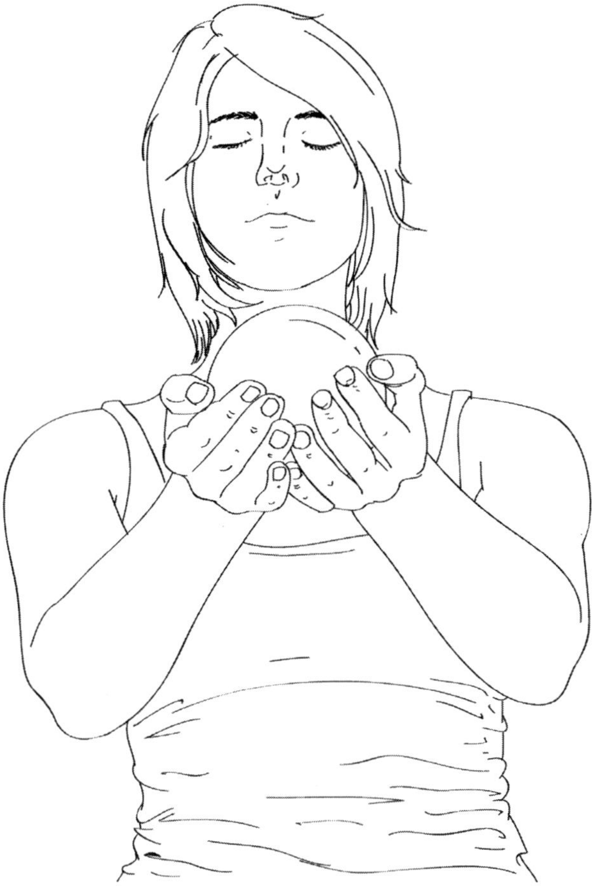

花几分钟的时间，让他好好体会这两种观照经验：客体的观察、自我的觉照。

再来，把一本书、一个果核、一个木雕或其他任何东西放在他的手上，请他闭起眼睛，用手去摸索它的形状、大小、长短、轻重、软硬、冷热、粗细……

“一边感受这个东西，一边觉察你是如何用你的手在感受的……是谁在觉察这一切？”

接下来，播放音乐。

“仔细聆听这音乐，感受这音乐的旋律、情绪、信息……也觉察一下，你自己是怎么感受这音乐的。是谁在感受？是哪个部分在感受？”

接下来，请他保持缓慢而深沉的深呼吸。

引导他：“当你深呼吸的时候，注意自己的呼吸，体会空气进入你鼻孔的感受，体会空气进入身体的感觉。是谁在觉察？”

“……继续深呼吸，你感到越来越轻松……享受这种生理与心理的放松感觉。是谁在体会这放松的感觉？想一下自己是如何同时体会到这放松的感觉的，以及你正在感受它的感觉？”

最后，引导他：“回顾一下你在整个练习中的体验，你在外界及内心连续观察了一些东西、一些现象，它们存在了一阵子又消失，像流水一般过去了，可是自始至终，你仍然是同一观察者，内在永恒不动。你所观察的对象不断变化，你自己这观察的主体却恒常不变……你不是你的感官，你可以觉察到自己如何运用你的视觉、触觉及听觉……你不是你的呼吸，你可以运用呼吸、观察呼吸……你并不是轻松的感觉，但你可以创造轻松的感觉，你可以观察轻松的感觉……真正的你超越你的感官、感觉、情绪及思想……”

“你内在有一观察者，超越一切之上，从你有意识以来，他就恒常观照一切……当你觉察到他的存在时，你会发现你变得‘特别清醒’……”

这个练习，也很适合自己用，一边观察你的感受，一边觉察是谁在感受，常常可以使人瞬间就进入活在当下的状态。

“放下小我认同”练习

临床治疗时，这是我用得较多的手法，通常经过几次引导之后，个案就会体会到某种微妙的内在变化。

首先，要询问个案的身体经验、情绪，思想的变化、流转过程，让他领悟到这一切都是变化不定的，然后，引导个案进入催眠状态后，告诉他：

“你的身体是你的，你可以使用你的身体，借此得到很多种感受，但你不是你的身体。”

“你有很多感觉，但你不是你的感觉。”

“你有很多情绪，但你不是你的情绪。”

“你可以感受到悲伤、沮丧，但你不是悲伤、沮丧，那只是你的情绪。”

“你可以感受到快乐、欣喜，但你不是快乐、欣喜，那只是你的情绪。”

“你内在有一个宁静不动的点，觉察着这一切，但这一切不会打扰这个宁静的点。”

“你有很多念头、很多思想、很多期待、很多欲望，但这些都是你的心灵海洋活动时所喷溅出来的浪花，浪花不久会平息，这些活动不久也会过去……这些浪花不会打扰你内在的真我。”

“当你体验到你的真我是那广大的宁静海洋时，你也会体验到那些浪花也是你的一部分，然后，你能真正享受浪花飞溅的乐趣……”

每引导他体验一小段之后，与个案讨论他现在的感受与体验，好与这些引导语互相印证，最终的目的是引导他发现以前错误的“小我认同”，帮助他发现隐藏的恒常观察的真我。

最后，引导他：

“你不是你的身体，但是身体是属于你的，为你所用，你要好好珍惜、爱护你的身体。”

“你不是你的感觉，但这些感觉会传达很多信息给你……”

“你不是你的情绪，但这些情绪是你的，你可以看着情绪，你可以享受情绪，你可以调整你的情绪，就像画家拿着画笔画出自己喜欢的东西……”

“你不是你的思想，但是这些思想属于你，你可以磨炼你的思想，使它们更加符合真理……”

几个我常用的催眠治疗技巧

大部分时候，甚至不做任何处理，只是单纯引导人们进入放松、宁静的催眠状态，就会开始产生疗效了。

人的身体与心理本来就具备自我修复的能力。

在催眠状态下，内心不再被河流般滔滔不绝的念头、思绪占据，就像平静的湖水可以映照出蓝色的天空，身心自然就会变得更好。

如果每个人都懂得通过简单有效的催眠技巧，时时让自己处于身体放松、内心宁静的状态，你不但不会生病，还会天天开心，天天精力旺盛！

就像习于静坐的人，他每天定时静坐，久而久之，身心自然会越来越好。

只要一个人愿意每天都自我催眠或聆听催眠引导，进入催眠状态，享受个 30 分钟，那么，持续一段时间之后，他的身心一定会明显提升到更好的状态。

如果再加上催眠师的专业引导，进入催眠状态后，臻入高度觉知的转化意识状态，成功地调动了潜意识的大智慧，往往会进入自动化的自发性治疗状态，无论身体或心理层面，受术者一边探索一边解决问题一边向你实况转播，直至登赴彼岸，催眠师只要优哉游哉陪伴在旁，偶尔说：“再来呢？”“告诉我更多！”

这真是催眠治疗师的莫大享受！

海上仙岛之旅

有一段时期，我特别偏好“海上仙岛之旅”的催眠技巧，来满足个案的各种需求。

首先，将个案引导到催眠状态，然后，请他发挥想象力，随心所欲变成一只可以抵达海上仙岛的动物。

对很多人来说，变成另外一种动物是很好玩的游戏，他们会雀跃地挑选最爱的动物，有的人就变成海豚，有的人变成海鸥，其余的有老鹰、信天翁、白鹤、鸽子。然后，他们就展开在海洋中破浪前行的远征，或者翱翔天际的旅程，从中获得许多乐趣。

而且，他们选择的动物，大可以视为自我形象的投射，其中自有许多透视个案的线索，以及事后讨论的题材。

有一次，体形相当瘦小的男性个案却在催眠中想象自己是庞大的鲸鱼，以帝王般的姿态向仙岛巡行而去，我立刻就知道他一直不满意自己的体形，这是他有待处理的问题。

等他们抵达海上仙岛后，希望身体健康、需要补充能量的人，可以去仙岛泡温泉；想要探索前世、透视未来的人，可以到宇宙全记录图书馆调阅档案；需要指引迷津的人，可以向仙岛的神仙、佛、菩萨、智能老人或其他个案信奉的神请教，来一次与神对话，直接获得答案。

请尽量发挥你的创意，例如，到炼丹房取仙丹妙药，到果园摘仙桃，拜访灵气逼人的高大神木，到巨大水晶柱环绕的殿堂……

大多数时候，我会给个案一个开放性的指令，例如，“现在我会给你几分钟的时间，让你好好浏览仙岛风光，如果你看到什么样的人、事、景物，值得一提的话，请你告诉我，我会给你进一步的引导”。

然后个案就会自动自发演出媲美好莱坞电影的情境，常常令在一旁聆听的我叹为观止。

譬如说，有位女性职员在仙岛散步时，发现一个很深的洞穴，她兴致盎然地拿着火把进去探险，没想到与一头狰狞的喷火恐龙正面撞见，双方僵持不动。

她告诉我，心里很害怕，不知道该怎么办，喷火恐龙正张开长满利齿的大嘴巴，要一口吞掉她。

我提醒她：你现在是在催眠状态中，让你的想象力无穷无尽地发挥吧！等一下，当我数到 3 的时候，你的手上就会出现威力强大的武器！

结果，她手上立刻握着一把大型激光枪，于是，她瞄准喷火恐龙，威风凛凛，自己都觉得神气极了！

那只喷火恐龙凶焰尽失，开始缩小、变形，最后竟然变成一只马尔济斯犬，跑到她的脚边，伸出舌头来对她大献殷勤。

当场她就领悟到，这只喷火恐龙不是别人，正是这一阵子一直压榨她，使她压力太大几乎想辞职的顶头上司。

她十分开心地说："我的主管看起来很凶，像喷火恐龙，可是，他也是不得已的，因为他要讨好总经理，所以就压榨我们，他其实很可怜。其实，只要我拿出勇气，坚定地告诉他，有些事情是无理的要求，他也懂得适可而止。以前因为我都不敢说，所以他就理所当然要求我了。我真的懂了！"

以这位个案来说，她的想象力创造出一出精彩的戏剧，通过生动逼真的表演，她看见问题的真相，答案也就呼之欲出了。

有时候，正面探索问题碰壁，无法突破，就迂回转进，通过海上仙岛之旅，在轻松有趣的过程中，反而能自然而然地找到答案。

练习：

设定主题后，无论是特定的主题，还是仙岛漫游，诱导、深化，引导对方变成一种动物向海上仙岛行去。事后讨论其过程、动物的象征。

讨论：

除了海上仙岛之外，还可以去哪儿？天堂、异星、圣殿、秘密花园、极乐世界……设计一个你的独家技巧。

角色扮演

这是一个施展空间极为宽广的技巧，在催眠中，让个案扮演另外一个角色，互相对话，可以释放情绪，帮助他发现新的观点……常常有令人惊喜的效果。

以前我在治疗一位为情所苦的个案C先生时，发现他一直钻牛角尖不肯出来，身边总要有人陪伴，从来没有感情的空窗期，但他却诠释成自己很有男性魅力，一旦女友离去，立刻有人补位。而他最喜欢做的事情就是扮演弥赛亚，一边拯救无助的女人，一边就谈起恋爱来，把帮助与爱混为一谈了。

当他进入催眠状态后，我引导他，干脆把自己想象成上帝，从全知全能的观点，看看他是个怎样的人，他的情感是什么样的模式。

非常有趣，当他开始扮演上帝的角色，用“他”来形容自己，他讲话的腔调、用词都不太一样了。

“他，是个问题很多的人；他，从来不认为自己有问题；他喜欢帮助别人，来冲淡自己也有一堆问题需要帮助的事实。严格来说，不是他在帮助人，是那些被他帮助的人帮助了他，使他找到一点自信心，使他找到活下去的理由。他有没有告诉你，去年年底他计划自杀，连安眠药都买好了，要不是小诗打电话来哭诉被男朋友殴打，谈了一整夜，他根本活不到21世纪。”

这位上帝非常可爱，一边公正无私地指出他的问题，还一边暴露一件又一件他原本保留不说的事情，使得治疗顺流直下，进入处理阶段。

个案虽然花钱又花时间来找我做心理治疗，可是又常常保留真正关键的信息不肯说，这时候，让个案发挥想象力，扮演另外一种角色，往往他就全盘吐露了。

器官对话

嘴巴会天花乱坠，身体不会说谎。

许多人死鸭子嘴硬，硬是不肯承认自己有问题，然而身体早就透过各种毛病说出实话了。

通过“器官对话”的技巧，身体的器官会化身为潜意识的代言人，把当事人不愿意面对的真相昭告天下。

常常在器官对话的过程中，只见器官们毫不留情地指控主人的罪行，场面煞是有趣。

催眠师如果直接对个案说：“我认为你应该早睡早起！”

个案的反应恐怕是“好好好”，然后阳奉阴违。

如果是他的肝脏出来说话：“你这个主人干什么！每天晚上不好好睡觉，害得我好辛苦！我要让你活 100 岁耶，为什么你要把我搞得这么累……”

那么，个案的反应绝对不一样了。

做法：

设定主题，例如胃部不舒服的人就与胃对话，如果没有特定主题，就来个全身健康检查，一一请身体器官说话。

诱导、深化之后，指示他：“等一下当我从 1 数到 10，胃就会开始说话……”

这是一个临床上极为好用的催眠治疗技巧，经常小兵立大功，请珍视之。

所有的技巧都可以转为器官对话之用。

金色光球观想

这是我特别偏好的补充能量的方法，尤其金黄色是高贵神圣的光，往往能引导个案进入更高的意识状态。

做法：

诱导、深化后，引导受术者想象一颗又一颗的金色光球从天上落下来，把最高等的能量从天上带下来，当金色光球落在受术者身上时，金色能量就会渗透进身心之中……

视个案的喜好与需求，亦可更改为白色光球、蓝色光球等其他颜色的光球，甚至是缤纷多彩的七彩光球。

与高层潜意识联机

引导个案于内在更高的智慧，然后，让它现身说话，为当事人指出问题、指点迷津。

也可以斟酌当事人的宗教信仰，通过与神、佛、菩萨、上帝的对话，拨开迷雾见光明。

自他交换法

又称施受法，这是源自晚期大乘佛教密宗修法，乃是密宗独有的伟大法门，能够开启修行者的高等情感：慈悲与爱，援引来作为催眠治疗技巧，具有极大的威力。

诱导、深化之后，指示受术者：

保持深呼吸……想象你的心轮就像红宝石一样，发出美丽的玫瑰红的光芒……想象你的心轮是一颗晶莹剔透的红宝石，散发高贵的爱的能量……

现在，我要请你选择一个有过爱恨情仇的人，与你还有心结未解的人……

想象他的脸孔、形象……

想象他就站在你的面前……

保持深呼吸……

吸气的时候，想象你把他的身体、心理所有的负面能量以及黑色的气统统吸进你的心轮……

把他的愤怒、悲伤、痛苦、不幸、倒霉都吸收进来……

你的心轮充满巨大的能量，把黑色的气转化成洁净、明亮的光……

吐气的时候，想象从你的心轮光中抽出一道美丽的光送给他，让他接收到洁净、明亮的光，让他整个人笼罩在充满希望的光中。这是你无条件送给他的礼物，因为你在灵魂的深处爱他……你愿意把健康送给他，把好运送给他，把财富送给他，把智慧送给他……无论你们之间有什么恩怨，你愿意完全放下，完全放下就会完全自在了……

保持深呼吸……

你的心轮源源不绝地吸收他的负面能量，然后转化成美好的光送给他……使他的身心灵都充满光。

你可以参考这个格式，把对象转变成亲朋好友、陌生人、你所居住的城市、你的祖国、我们栖息的地球……然后把对象的所有不好的、负面的、黑色的能量统统吸收进来，通过心轮转化成美好的能量，再送回去。

这个技巧经常会产生令人惊叹的治疗效果，唯有勇敢尝试它的人才能体会。

你的真我是一尘不染的，不用害怕这个技巧会让你感染负面能量。

会害怕的是这个人格自我，而这个害怕会在练习的过程中如冰雪般被阳光的热力融化掉。

如果你真的感染了，恭喜你，证明你的观想真的有力量！

那么，你以自己为对象，再进行一次自他交换法，帮那个感染负面能量的“我”一个忙，把负面能量转化成光明能量送还给他吧！

潜意识之手

有时候我们在寻找问题根源，例如幽闭恐惧症，找到了 10 岁时的一个创伤经验，但不知道这是不是真正的根源，不妨运用此技巧来确认。

将其诱导至催眠状态后，指示他：

“完全放松你的手……更放松……更放松……”

“现在，如果 10 岁时的这件事情是幽闭恐惧症的根源，请你的右手动一动……”

有时候，也可以用更简单的“潜意识的食指”，通过食指的动作来确认。

发挥你的想象力，这个技巧还可以有更多的延伸运用。

《出神入化》这本书里有一个有趣的案例：

> 有位脚部麻痹的女士需要人搀扶才能走路，催眠师注视着她的脚，然后说：“麻痹的脚，我知道你有很重要的事情要告诉我们。”
>
> “现在，我知道……在生理上……右脚是指‘是’的脚……而左脚则代表了‘否’……你有什么事情要告诉我吗？”
>
> 结果右脚动了一下，是自己动的，不是这位女士控制的，旁观的人都发出惊叹之声。
>
> 后来，催眠师成功地将脚部麻痹转化成明确的潜意识信息，每次这位女士违反内心真实的声音，脚部就立刻会麻痹来提醒她！

参考这个案例，不管是“潜意识之手”“潜意识之食指”“潜意识之脚”还是“潜意识之 ×××”，都可以变成潜意识的非语言的代言人，提供宝贵的信息。

仪式治疗

有时候，直接对个案说出你认为他应该了解的东西，个案却不觉得有什么重要的，因为他只是理智知道，并没有真正的感受。

所以，用各种方式引导个案自己去领悟，领悟到了，他就改变了。

这种领悟是由内在发生的，它的穿透力强过外来的知识、建议百倍千倍。

通过仪式，我们可以引导个案进入转化意识状态，感受某种情绪，最后，“领悟”会自然而然“诞生”。

有一次，我治疗一位为爱所苦的女士，她念念不忘一段恋情，心里翻搅着酸甜苦辣的情绪，无法放下。

后来，我灵机一动，引导她进入催眠状态后，为她举行“死亡仪式”。

我把一条毯子覆盖在她身上，让她完全笼罩在黑暗里，然后告诉她：“现在你已经死了，置身于坟墓之中，你的身体即将瓦解，你的灵魂即将离开地球，人世间的一切都与你无关了……”

在这样的仪式中，她跳出了平时的惯性思维，重新以崭新的眼光观察自己现在的处境……

催眠结束时，她的眼睛放出光彩，走下诊疗床，她笑了。我知道，通过这个“死亡仪式”，她重生了。

仪式，一样有无数种。

你可以参考现有的各种仪式，转化成治疗手段，也可以根据个案的需求，随时创造一个仪式。

例如，你可以拿一块石头，让个案握在手里，然后想象所有的痛苦像一团黑色的气一样注入石头之中，离开咨询室后，由他亲手把石头丢到大海里。

例如，你可以让个案写一封信给他的仇人，写完之后，在庄严的音乐中，将这封信火化，火化之后，所有的仇恨也跟着灰飞烟灭。

例如，你可以拿出一张白纸，让个案把造成痛苦的一切原因都写在纸上，写完之后，将这张白纸火化，再将灰烬带去大自然中，挖个洞，把灰烬埋在洞中，再用土覆盖上。大地会将灰烬吸收，痛苦也跟着消散。

召唤

召唤（Invoke），算是治疗的心法之一，不算是技巧，一时找不到合适的地方，就把这珍贵的心法记载在这里吧。

当个案带着问题来求助时，其实，也都带着资源来。

正如佛经里面说：“遍观大地无不是药的草。”

能够帮助个案认清问题真相，帮助个案治疗的资源俯拾即是，只要你愿意召唤。

例如，个案的创伤源于 7 岁时的一件往事，你可以召唤“7 岁的我”出来与之对话。

同理，你可以召唤“内在坏小孩”出来，与他探讨他不想戒烟的原因。

你可以召唤个案信奉的观世音菩萨来向她请教，指点迷津。

你可以召唤“战士原型”，让个案以刚猛无畏的姿态解决问题。

你可以召唤个案的初恋情人出来对话，化解他的迷情。

你可以召唤个案的“创意次人格”出来提供点子。

除此之外，让你的想象力天马行空吧！

例如，召唤神木的精灵，让它将最纯净的芬多精输送给你。

例如，五行缺火的人，召唤火元素来补足。

例如，召唤贝多芬来寻找音乐创作的灵感，召唤华佗、扁鹊来提供治病的灵感……

所以我说这是心法，能够变化出数不清的技巧，你明白可以这样做之后，整个历史、文化、宗教、古圣先贤……提供了无穷无尽的资源，你不再是孤独的治疗师，天地都帮着你一起治疗个案。

PS：召唤，你必须明白这是一个隐喻（Metaphor）式的操作，别搞成实有，而成为新的问题的来源，那就得不偿失。

症状转移

严格来说，“症状转移”不能算是治疗技巧，但是它可以减轻症状，或者把症状转移到让个案觉得不怎么痛苦的地方。

举个实际的案例：

曾经有位上市公司的业务经理紧急跑来找我，希望能解决他每次上台身体都会发抖的毛病，虽然他极力压抑，还是会抖到别人都会发觉的程度。平常在自己的单位也就罢了，偏偏第二天他必须出席一个重大场合，是不能出差错的。

我试图找出他“紧张导致身体发抖”的根本原因，但是一时找不到，所以，我就给他一个暗示：“明天你上台报告时，还是一样会发抖，而这一次你的发抖只会局限在左手的小指头，没有人会看见……”

于是，第二天他就顺利渡过难关了。

然后，他再回来找我做进一步的催眠治疗。

根据经验，身心症，由于是心理因素引起的生理症状，这些症状是可能会在催眠暗示下转移到其他部位的。尤其是歇斯底里转化症，其症状转移的过程常常格外戏剧化。

有一次，来了一位胃部不舒服的个案，他告诉我经过各种检查后，都发现胃部一切正常，所以不知道该怎么办，经过朋友介绍，死马当活马医，就来试试催眠。

经过会谈之后，我发现他的催眠敏感度不错，还有长期处于紧张、焦虑之下，并未努力改善他的生活方式。

所以我告诉他，你的潜意识通过胃部不舒服来提醒你，要做一些改变了。

然后我暗示他说：“现在你的胃部舒服了，变成胸口郁闷了……”

果然，他发现胸口开始闷闷的，有点喘不过气来了，而胃部却没什么不舒服的感觉了。

然后，我再把这不舒服的症状转移了几个地方，他才终于相信，有问题的不是胃！

一个典型的催眠治疗示范

以下我以一个实际的案例，来示范完整的帮别人催眠治疗的过程。

一位年轻的女孩小兰走进咨询室，我先请她坐下来，让她填写个案基本数据，里面包括她的姓名、地址、联络方式、家庭概况、教育背景、工作状态、求诊原因、催眠经验等。

询问解疑阶段

填完后，我们就进入询问解疑阶段。我与她交谈了一段时间，了解她的需求，针对令她困扰的问题更深入地收集信息。

小兰今年 25 岁，在计算机硬件制造公司担任会计，在公司人缘不错，有个交往两年的男朋友，感情稳定。她的身体十分健康，除了每个月的女性生理周期来时会有痛经，其他都很好，也没有服药的习惯。

她的父母很早离婚，母亲在她 10 岁时改嫁，继父很疼她，她也很喜欢继父。

她来找我的原因，主要是对于前世今生很好奇。

虽然来找我做前世催眠的人不少，但我认为这些人未必是单纯来做前世催眠的，就算他心里主观如此认定，我还是会假设在心灵更深之处有一股他自己未能觉察的动力，才是将他带到咨询室的真正原因。

小兰对灵修小有兴趣，在言谈中，她不经意地提起，最近去参加过一个灵修活动，在过程中曾经莫名其妙地大哭一场，她找不出原因，活动的指导老师也不知如何是好。从那次活动之后，她有过两次突然间整个人被负面情绪淹没的经验，只觉得了无生趣，活着很乏味，不如死了一了百了。由于持续时间只有几分钟，她很快就把注意力转移到日常事务里，所以没有造成太大影响。如果不是我一再询问她最近心情如何，她自己都忘掉了。

我听到这里心里有数，小兰正是典型的内在发出求救信号，然后以前世催眠为理由来缓冲不安，说服自己前来求助的个案。

此时我也不予说破，就把谈话方向转移到她的催眠经验与既有知识。

以前她没有被催眠过，但是看过我在电视上示范催眠疗法，这是她会来找我的助缘。

我了解她对催眠的认识几乎是一张白纸，所以就花了 5 分钟时间讲解催眠的基本原理，也让她知道等一下催眠时会发生什么状况。

这时，她问："我可不可以录音？"原来她怕忘记催眠过程中说过的话，所以自己带了随身听来录音。

我告诉她没有问题，欢迎录音。我也让她知道，催眠过程中她的意识会很清醒，甚至比平常更清醒，不但会记得整个过程，而且如果她自己任何时候想结束催眠的话，都可以随自己的意志，一睁开眼睛，就清醒了。

诱导阶段

接着我帮她做了催眠敏感度测试，发现她是可以到达第五阶段催眠深度的人（详细的催眠敏感度测试方法，请参考本书相关章节）。

然后我请她躺在诊疗床上，让她适应这张床、枕头，并且让她在身上盖了一条薄被。

她表示诊疗床躺起来很舒服，我问她准备好了吗，她微笑一下，准备接受催眠引导了。

以下是我常用的渐进式放松诱导催眠词。

我会用稳定、低沉的声调从容地发声，而且，在我说话引导的时候，我自己也会处于非常宁静的 α 脑波状态，所以催眠别人对我来说也是一个静心的过程。

现在，把你的身体调整到最舒服的姿势。

请将眼睛闭起来，眼睛一闭起来，你就开始放松了。

注意你的感觉，让你的心灵像扫描仪一样，慢慢地，从头到脚扫描一遍，你的心灵扫描到哪里，哪里就放松下来。

现在开始，你发现你的内心变得很平静，好像你已经进入另外一个奇妙的世界，远离了世俗，你只会听到我的声音和背景音乐的声音，其他外界的杂音都不会干扰到你。甚至如果你听到突然传来的噪声，你不但不会被干扰，反而会进入更深更舒服的催眠状态。

现在，注意你的呼吸，你要很深很深地深呼吸，有规律地深呼吸，慢慢把空气吸进来，再慢慢把空气吐出去。深呼吸的时候，想象你把空气中的氧气吸进来，空气从鼻子进入你的身体，沿着气管流过鼻腔、喉咙，然后进入你的肺部，再渗透到你的血液里，这些美妙的氧气经由血液循环，输送到你全身每一个部位、每一个细胞，使你的身体充满了活力。

吐气的时候，想象你把身体中的二氧化碳统统吐出去，也把所有的疲劳、烦恼、紧张送出去，让所有的不愉快、不舒服都离你远去。

每一次的深呼吸，都会让你进入更深沉、更放松、更舒服的状态。

注意你的呼吸，当你专注于呼吸的时候，觉察空气在你体内流通，感觉氧气进入全身每一个细胞，你的身体就会自动展开补充能量的过程，你越能集中注意力于你的呼吸，你的身体就会越健康、越有活力。

从现在起，继续深呼吸，你一边深呼吸，一边聆听我的引导，很自然地，你什么都不必想，也什么都不想想了，只要跟着我的引导，很快你就会进入非常深、非常舒服的催眠状态。

现在，注意你的头顶，让你的头皮放松……

头盖骨也放松……

注意你的眉毛，让眉毛附近的肌肉放松……

放松耳朵附近的肌肉……

放松脸颊附近的肌肉……

放松下巴的肌肉……

放松你的脖子……

放松肩膀……充分放松肩膀……

放松你的左手……

放松你的右手……

注意你的胸部，让胸部的骨头、肌肉都放松……

放松你的背部，让你的脊椎与背部肌肉都放松……

彻底放松你腹部的肌肉，毫不费力地，然后你的呼吸会更深沉、更轻松……

放松你的左腿……

放松你的右腿……

继续保持深呼吸，每一次你呼吸的时候，你会感觉自己更放松、更舒服……

进行到这里，我观察到小兰脸上的表情变得很安详，呼吸变得比较轻微，手臂、手腕、手指头非常放松，可以知道她至少已经进入轻度催眠状态了。

我问："现在，你的身体与心情感觉怎么样？"

小兰用微弱的声音慢慢说："身体——很轻松——心情——很舒服——"

这更是明显的被催眠的征兆，声音会变小，仿佛说话要花费很大力气似的。

于是我决定开始进入深化阶段。

如果小兰还没到达轻度催眠状态的话，我可能会再引导她放松一次，或用别的诱导法，确保她进入催眠状态。

深化阶段

个案的想象力很好的话，下楼梯法、搭电梯法、过隧道法是很好的深化技巧；如果想象力普通，不妨改用手臂下降法、数数法。

从刚才的催眠敏感度测试，发现小兰的想象力非常丰富，所以我决定用历史悠久而且效果良好的下楼梯法。

现在想象你就站在楼梯上准备向下走，这个楼梯共有十级，我会引导你一级一级向下走，每往下走一步，你就会进入更深的催眠状态，你的身体会更轻松、更舒服，你的心里会更宁静、更安详。

当你走到楼梯底下的地下室，你就会进入平常觉察不到的潜意识，回忆起很多重要的往事，获得很多帮助，对自己有更多的认识。

现在向下走到第一个阶梯，身心都更放松了。

继续往下走到第二个阶梯，你感觉到脑海里越来越宁静。

继续往下走到第三个阶梯，你很喜欢这种越来越放松的感觉。

继续往下走到第四个阶梯，你的呼吸更加顺畅，每一次吸气的时候都会把一种非常舒服的感觉吸进来。

继续往下走到第五个阶梯，你越来越深入潜意识了。

继续往下走到第六个阶梯，全身进入一种非常舒服的状况，好像所有的压力、束缚都消失了。

继续往下走到第七个阶梯，你很喜欢现在这种轻松舒服的感受。

继续往下走到第八个阶梯，你越来越深入你的潜意识，进入一种仿佛回到心灵故乡的状态，充满安全与宁静的感觉。

继续往下走到第九个阶梯，即将到达深度放松的催眠状态了。

继续往下走到第十个阶梯，仔细品味、感受，好好地享受深度放松的滋味……你即将走入地下室……去探索你的心灵深处……

在使用下楼梯法时，你必须先确定个案对于地下室没有既存的恐惧，因为有些人对阴暗、地底有不良的情绪联结，如果催眠师贸然使用的话，只会制造无意义的抗阻，使个案更不容易被催眠。

治疗阶段

当小兰走进地下室后，她用低低的声音让我知道，她进入一团柔和的白光中，心情宁静无比，好像从来没有这么轻快愉悦过，所以我给她 3 分钟的时间，好好享受这种内心自有喜乐泉源的滋味。

3 分钟后，我引导她说："现在我会慢慢从 1 数到 10，当我数到 10 的时候，你的潜意识会自动引导你回到过去某一段时光，一个对你来说具有关键影响力的事件，也许是你的前世，也许是你的童年，也许是最近的时候，总之，潜意识会自动引导你。当我数到 10 的时候，无论你看到什么、想到什么，都请你像记者在现场实况转播一样把它说出来。说出来以后，很多负面情绪就会释放掉，你就会觉得心情很好。"

然后我就慢慢从 1 数到 10，并且观察她的表情变化。

当我数到 10 的时候，她的两个眼球突然骨碌碌转动起来，通常这就表示潜意识开始提供信息，对方的内在视觉发生作用，看见了某些影像，有时更是重新身临其境，再体验一次陈年旧事。

很快地，她的泪水从眼眶里溢出，鼻子的肤色转红，露出哀伤的神情，接着开始哽咽，不过还有点含蓄，这时，我轻轻说："很好，这是很好的事情，尽情让你内在的情绪流露。"于是，再过了一会儿，从哽咽升级成啜泣。

我保持沉默，静静观察，决定暂时什么都不做，看看她的情绪可以自发性地释放到什么程度。

不久，啜泣再度升级成号哭，整个咨询室的空间被爆炸般的哭声震动着。

像这种情形，以前我会担心邻居被哭声轰炸到烦了，集体拉白布条抗议；

自从给咨询室安装隔音窗、隔音门后，我更敢于让个案哭个痛快。

我知道小兰在潜意识的自动引导下，揪出一个尘封多年的创伤，她现在需要一点时间来释放情绪，而且，催眠状态下的哭泣，本身就是很有效的治疗，所以到目前为止进行得很顺利。

等到哭声告一段落，衰减成断断续续的呜咽时，我才开口问她："刚刚发生什么事了？"

她含着眼泪告诉我，她回到 5 岁的时候，有一天妈妈出门，她想跟着去，妈妈不知道为什么不让她跟，还严厉要求她留在家里，不准跑出去。

就这样，她一个人待在家里，一直哭，哭累了就睡，整天都很担心、很害怕，不知道妈妈会不会遗弃她，再也不回来了。最后，傍晚时，妈妈回来了，也没有安慰她，就开始煮饭，仿佛一切都没发生过。

这个事件她已经有将近 20 年不曾想起过，她很惊讶刚刚会哭得这么惨烈，也觉得这个事件竟然浮现得这么清晰逼真，情绪涌现得如此凶猛，实在难以置信。

我引导她以现在成年人的表达能力，再度回到 5 岁，等她妈妈傍晚回来时，告诉她："妈妈，今天你把我一个人丢在家里，我好伤心、好害怕，觉得就像世界末日一样，万一你不回来了，我就会变成孤儿。""妈妈，以后你不要丢下我，如果你不能带我一起去，也要告诉我原因，好不好？"

我问她，妈妈听了这段话之后，怎么回答？

她说，妈妈听完以后，就拥抱她，并且向她道歉，说："妈妈非常爱你的，请你原谅妈妈，以后我一定会照你所说的来做。"然后母女相拥良久。

接着，我引导她重新把这个事件经历一遍，这次她就能够以平静、超然的状态旁观整个过程了，似乎现在对她而言，这只是一段中性的回忆。

这时，时间也差不多，是结束催眠治疗的时机了。

解除催眠

由于小兰喜欢灵修，所以我会在引导词中加入像水晶球、能量这样的意象，尤其她刚刚花了不少力气痛哭，所以除了一般的解除催眠词之外，我还特意奉送了一个补充能量的程序。

好，现在，我们即将结束这次的催眠。刚刚在催眠过程中，你所体验到、感受到的，都会清楚地留在你的脑海里，任何时候你都可以回想起来，并且得到很大的启发、很多的帮助。

下次当你再度催眠时，你一样会很容易进入催眠状态，甚至又进入更深更棒的催眠状态，而且会有很大的收获。

现在，你感觉到自己向上飘浮，慢慢往上飘，身体慢慢往上飘、往上飘、往上飘，飘浮在很高很高的天空，全身都很放松、很舒服……

现在，深呼吸，在你的眼前，出现一颗巨大的水晶球，这颗水晶球清澈透明漂亮，从它身上放出柔和舒服的能量，把你包围住了，水晶球源源不断地为你补充无穷的能量……

保持深呼吸，你就像一个正在充电的蓄电池，尽情吸收来自水晶球的无穷的能量，使你的精力越来越充沛、越来越旺盛……

现在，深呼吸，尽情吸收来自水晶球的能量，你的身体会越来越健康，你的心里会越来越平静安详，你觉得自己越来越有信心面对所有的事情，你有能力做好任何你想做的事情……记住！你会一天比一天更好。

现在，当我从 10 倒数到 1 的时候，你将会睁开眼睛，回到现实世界，恢复正常状况，然后你会完全清醒，感觉舒服无比。

10，慢慢醒来，觉得身心都很舒服。

9，越来越清醒。

8，慢慢恢复身体的正常感觉。

7，越来越清醒。

6，内心平静安详。

5，越来越清醒。

4，觉得全身都充满了活力。

3，越来越清醒。

2，就要醒来了，感觉很棒！

1，睁开眼睛，揉揉眼睛，揉揉耳朵，擦擦脸，做个深呼吸，让身体动一动，你完全清醒了。

小兰睁开眼睛，有点不好意思地笑了笑，整个人显得光彩照人，气色很好。

这种情形我看过太多次，许多个案结束催眠时，整个人好像刚刚用天上的仙水洗过脸一样，容光焕发。

我问她："感觉很棒，对不对？"

她点点头，眸子里闪动着好看的光芒。

身心是一体的，心里解开了一个结，往往身体就跟着变好了。

也许是脸上皮肤变得光滑细致，也许是长期的慢性病不治而愈了，也许是某些吃药吃了好久也好不了的毛病忽然消失无踪了。

我的助理常常目睹个案的气色在催眠后有了神奇的变化，已经从一开始的惊叹不已，变成现在的视为家常便饭了。

廖氏催眠治疗模式

这里呈献给读者的催眠治疗流程图，是由我发展出来的一种治疗模式，可以称为"廖氏催眠治疗模式"。

催眠治疗完整流程图

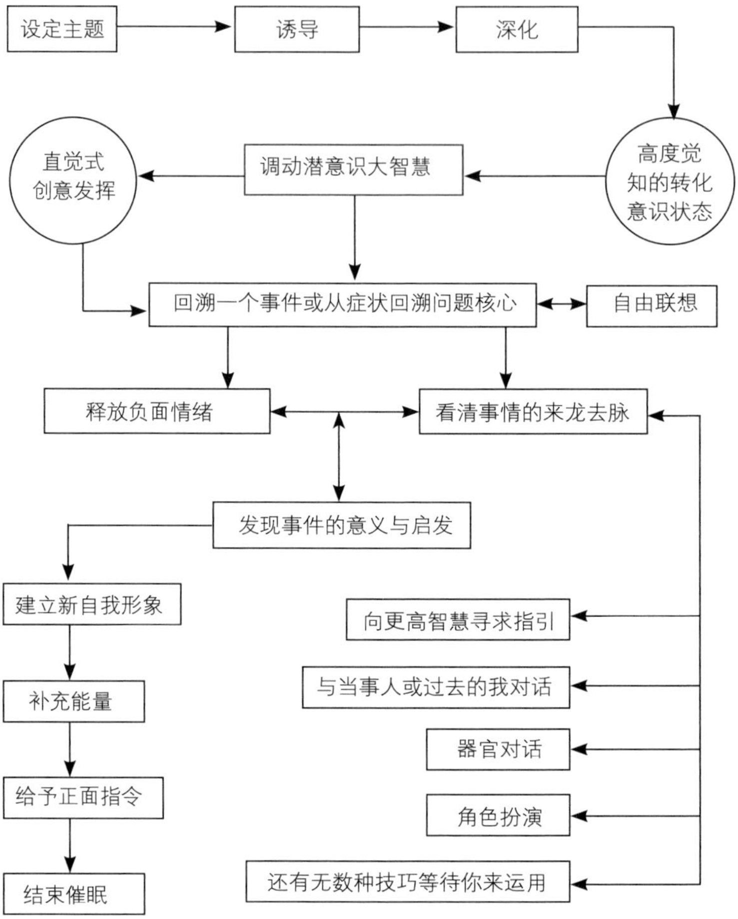

注意：1. 真正的治疗是身心灵全方位治疗：改写生理运作程序（身体层面），释放当时的负面情绪（情感层面），看清事情的来龙去脉（理智层面），建立新自我形象（人格层面），发现事件的意义与启发（灵性层面）。2. 设定主题是指在正式催眠前谈话（Pretalk）时，完成了询问解疑、个案数据收集、确定真正需求，然后，设定此次催眠治疗的主题。

2006 年 5 月，李秀艳教授邀请我至潍坊医学院担任客座教授，做为期两天的催眠讲座。我很想把催眠精华传递给这些未来的医疗专业人士，所以搭飞机、坐汽车前去的路途上，心里一直在思索着用什么方法来呈现。

5 月 21 日清晨，我比平常更早地忽然醒来了，一个美妙愉悦的想法催促着我醒来，我打开笔记本开始画线、画框框，然后，这张催眠治疗完整流程图就从潜意识里冒出来，来到现实世间了。

这个催眠治疗模式，是我从佛学与超个人心理学获得的启发，结合自己的灵修经验与自我催眠治疗的亲身验证，并且被诸多著作、我治疗过的个案、教导过的催眠学员验证过。因此，我可以大声且肯定地说，这是一个真正能把心理问题处理好的治疗模式，它不仅可以处理症状、可以让个案继续生活下去，还可以从根本上解决问题，并且让个案因为治疗而对自己有更完整的认识，把生活中的创伤与痛苦转化成智慧。

这个模式的基本精神，就是引导个案进入觉知状态，来深入完整地探索真相。

凡事都有原因，身心会产生症状，必有其形成机制。

人的内在有一种动力，想要搞清楚真相。

就是这种动力引导人类发展出科学、哲学、心理学，想要破解宇宙与心灵的奥秘。

奇妙的是，一旦真相大白了，形成机制探索清楚了，问题往往就解决了一大半，甚至因为顿悟了，而出现奇迹般的痊愈。

“廖氏催眠治疗模式”的第一个重点是，先设定主题。

以催眠标准五步骤来说，设定主题隶属于步骤一“询问解疑”。

设定主题的目的在于找出个案真正的问题、真正的需求。

如果连主题都没设定好，接下来的治疗一定乱无章法，浪费力气。

要把设定主题做好，需要治疗师发挥良好的专业知识、理性与直觉。

第二个重点是，通过催眠诱导，进入高度觉知的转化意识状态，然后调动潜意识大智慧。

这里面有三个关键条件：高度觉知、转化意识状态、调动潜意识大智慧。如果没有满足这三个条件，就失去了催眠治疗的意义，而不能称为催眠，只是一般的谈话式心理治疗。

第三个重点是，回溯一个事件或从症状回溯问题核心。

当个案知道他的症状是起源于某个特定事件，你就可以直接回溯至事件发生当时，让他看清楚真相。

如果个案并没有起因，那么就要从症状回溯问题核心。

第四个重点是，直觉式创意发挥。

治疗师是有直觉的，当你专心一志地帮助个案解决问题时，往往就会直觉勃发，像黑夜里的闪电，瞬间照亮了原本黑暗的大地。

这时候你就要放手跟着直觉前进。

如果直觉闪现了，这时不用拘泥于既有的治疗模式，跟着直觉走往往就是最佳路径。

第五个重点是，如果“回溯一个事件或从症状回溯问题核心”遇到困难，你可以考虑用自由联想的方式来一步一步转至真相。

“回溯一个事件或从症状回溯问题核心”是打开正门，从正中央进入目的地。

“自由联想”是既然正门打不开，那就拐个弯走后门，甚至爬窗户进去，一样可以到达目的地。

当年弗洛伊德放弃催眠之后，发展出自由联想的治疗手段。

但是依照现在的眼光来看，自由联想依然是一种催眠手段呢！

第六个重点是，一旦打开产生问题与症状的黑盒子了，这时候有两个路线要双管齐下：理性层面要看清楚事情的来龙去脉，情感层面要充分释放负面情绪。

无论是齐头并进，还是先释放再看清楚，或是先看清楚再释放，或者来回于释放与看清楚之间，总之，一旦这两者都充分完成了，恭喜你，治疗已经完成 90% 了。

第七个重点是，有句西方谚语说："如果命运给你苦涩的柠檬，你就把柠檬做成柠檬汁。"这就是这个阶段要做的，去发现事件的意义与启发。

正如先前所说过的故事，一切都是最好的安排！晴天有晴天的好，下雨有下雨的好，打雷刮风也有打雷刮风的好。只要发现了事件的意义与启发，一切的发生都有利于我们的成长，就像肥料帮助了植物开花结果。

这种发现，并不只是用正面眼光来看事情而已，最重要的是洞悉事物更深层的本质。

请注意，这种发现不能越位，一定要在充分释放负面情绪与看清真相之后再来进行。如果你对一个还在哭哭啼啼的失恋者说："你觉得失恋给你带来了什么好处？"你也许会立马被愤怒的个案海扁一顿。

第八个重点是，一旦看清真相、释放情绪、发现意义与启发，这个黄金三角形完成了，接下来会自然导致一个结果：个案会建立新的自我形象，变成一个更好的人。

例如原本觉得自己是受害者，现在却发现走完这个历程后，变得更加勇敢、坚强，他开始觉得事件本身是恩典，自己是上帝祝福的人。

例如原本认为都是对方不对，自己是被欺负的人，看清楚真相之后，才发现自己喜欢玩心理游戏，好让自己成为道德优越的一方。

如果前述的黄金三角形完成得彻底，往往宽恕、感恩、悲悯、放下、无条件的爱等这些高贵的情感也会油然生起。

第九个重点是，要适时适度补充能量。

催眠治疗是需要花力气的，无论是施术者还是受术者，都要投入精力，尤其受术者往往又说又哭又哀号，一个疗程告一段落时，如果没有适时补充能量，是会力气耗尽奄奄一息的。

请注意：任何事情都是有节奏的，音乐有节奏，舞蹈有节奏，打球有节奏，同样地，催眠治疗也是有节奏的。

该休息的时候，休息；该补充能量的时候，补充能量。

掌握治疗节奏，可以让双方都处在能量充沛的身心状态，合作完成效果最好的治疗。

第十个重点是，催眠结束前记得给予正面指令，来巩固疗效，增强疗效。

以正面指令为主要治疗手段的时代已经过去了，但是催眠结束前给予正面指令仍然能收到锦上添花的功效。

第十一个重点是，条条大路通罗马，同样地，通往治疗之路也有无数条，所以，看清真相、释放情绪、发现意义与启发这黄金三角形也有无数种治疗技巧可以达成。

例如，好玩又有趣的“海上仙岛之旅”，可以用一种方法满足所有的需求。

例如，向更高智慧寻求指引，你可以让个案与他所信奉的神、佛、菩萨请求指引迷津，也可以让他与高层潜意识对话，也可以与神话原型长着白胡子的智慧老人请教。

例如，你可以让他与当年的自己对话，与事件的相关人员对话。

例如，与身体有关的症状，可以进行“器官对话”。

你拥有越多的心理治疗技巧，就越能结合催眠来派上用场。

总之，方法有无数种，只要有效又具有美感，就是好技巧。

这里我要强调一点，催眠治疗是有美感的，治疗方法也是有美感的，缺乏美感的技巧绝对不会是好技巧。

所以，第十二个重点就是，整个治疗过程中，催眠师也要保持觉知，轻松、优雅地执行你的专业。

帮别人做催眠治疗，是一种绝佳的心灵修炼。

锻炼你的觉知能力，锻炼你的悟性，锻炼你的敏锐，锻炼你的语言能力，锻炼你如何掌握时机，锻炼你与人沟通的能力。我相信一个好催眠师必然是一个在心灵层面能够自给自足的人。

有时候，当我完成了一次精彩的催眠治疗，忍不住感慨万千。

每一次的催眠治疗，都是一件心灵艺术作品。

这种美，虽不像色彩停驻在画布上，旋律栖息于五线谱间，却是在施术者与受术者共同构筑下，以心灵为经、时空为纬，交织幻化而成的“想成世界”。这世界纯净无染，时间不再依线性行进：佚失的，可以重逢；离散的，能复团聚；遗憾的，予以弥补。

这心灵艺术创作具有神奇力量，堪能洗涤困顿的灵魂，令其有沐浴天堂般的光明，生命为之焕然一新。

一旦你体会过这心灵创作的美，便会对宇宙是如此深邃神秘充满惊奇与敬畏。

年龄回溯

年龄回溯可以让人回忆起在清醒状态下遗忘的事情，个案会重新经历（reliving）或回想起（recalling）遗忘多年的往事。

年龄回溯，若说它是最重要的催眠治疗手段，应该不为过，每位催眠师都要熟练年龄回溯的技巧、操作流程。

年龄回溯的目的，是进入潜意识的底层，回到过去的时光，重新发现当时没有正面面对的事情，释放压抑、负面情绪，以更好的心理资源来整合人生的经验，然后，个案将会在情感层面、理智层面、灵性层面都更上一层楼。

我们不需要改写个案的记忆，但是可以帮助个案以新的眼光来看待过去。

临床治疗显示，年龄回溯可以有效地缩短治疗时间，是催眠的一大特色。

由于年龄回溯常会有大量的情绪释放，例如哭泣、哀号、歇斯底里、愤怒叫骂等，催眠师必须熟悉应对之道，经验不足者常常会因为害怕而设法停止，反而对受术者不利。

真性回溯与假性回溯

真性回溯（True Regression）：受术者必须能进入第五、第六级的催眠深度，才能重新经历被遗忘的事件，并重临其境，感受当时的情绪，甚至会栩栩如生，伴随着激烈的情绪。

假性回溯（Pseudo Regression）：受术者至少要达到第二级深度，叙述事件时，过去时和现在时并用，并且就像在说故事一样。

无论真性回溯还是假性回溯，都具有治疗效果。

年龄回溯的技巧

年龄回溯有无数种技巧，你所学过的一切深化技巧都可派上用场。

以下列举一些常用的定式：

1. 数数法。2. 下楼梯法。3. 搭电梯法。4. 手臂下降法。5. 日历法。6. 情感桥。7. 自动书写。

数数法

如果正式催眠前谈话（Pretalk）之后，发现个案的症结点是发生在 17 岁的某一夜里，引导他进入催眠状态后，下指令说：“好，现在当我从 1 数到 10 的时候，你就回到 17 岁的那一个晚上，然后告诉我发生了什么事情。”

有时候，如果不知道事件的根源是在哪一个时间点，也可以直接对潜意识下指令说：“好，现在当我从 1 数到 10 的时候，你就会回到问题发生的当时，然后告诉我发生了什么事情。”

潜意识就会自动去执行这开放式的指令，在低层潜意识的巨大记忆库里找出关键数据来治疗自己。

下楼梯法

这也是古老而好用的技巧，探索内在世界时非常有用。

假设个案的症结点是在 9 岁时被父亲体罚，你可以这样下指令："现在往下看，你会看见一个楼梯通往地下室，这楼梯总共有九级……你看到了吗？等一下我会从 1 数到 9，每数一个数字，你就往下走一级楼梯，而且你会渐渐进入 9 岁时的身心状态，当时的记忆会越来越清晰……等我数到 9 的时候，你就完全回到当时的情境……"

然后从 1 数到 9。

搭电梯法

现在想象你置身于一部电梯中，我会慢慢从 1 数到 9，数到 9 的时候，电梯会上升到 9 楼，然后电梯门自动打开，你就回到 9 岁，清晰地看见当时的情景。

手臂下降法

请学员自行编制一段以手臂下降法回到 20 岁生日那天场景的催眠词。

日历法

想象在你脑海前方有一个日历，日历显示着今天的日期，如果你能够看到日历，请举起右手的食指……现在集中注意力于今天的日期，而且清楚地看着它……现在日历开始一页页往回翻，翻到 1 个月前了……如果你能看到日历上的日期，而且显示的是上个月的日期，请你举起右手食指……

（注：以一次 1 个月的节奏往前回溯，往前 3 个月后，再加快到一次往前 1 年。）

现在日历越翻越快，回到 1 年前了。

（注：经常用食指信号来确认，有时可以让日历更快，例如每次往前 5

年。如果你要回溯到小学一年级，大约 6 岁，在你到达 7 岁时，减慢翻日历的速度，让个案能够集中精神在那个时间上，然后一次 1 个月往前，一直到达预定的日子，再鼓励个案去重新经历发生的事情并描述细节。细节越多，代表回溯的效果越好。）

回来的方法：逆转翻日历的程序，把个案带回现在。

“想象你前面的日历，上面的日期是……想象你能看到上面的日期……现在想象日历一页一页地往后翻……”

“现在日历越翻越快……”一次 1 年，然后一次 5 年，直到现在之前 1 年，让翻日历的速度减慢，然后一次 1 个月，直到现在的日期，再慢慢唤醒个案，暗示个案“身心舒服，并且保有清楚的记忆”。

廖阅鹏按：在这个数字时代，日历法有时候似乎像 Apple II 时代的 8 位计算机，速度太慢了。所以，可以考虑采用“数字钟”法，直接让个案在脑海前方看见数字钟，然后时间往预定的日期回溯。

情感桥（the Affect Bridge）

情感桥是资深催眠治疗师普遍使用的方法。

它是由沃特金斯（Watkins）在 1971 年命名的，从一个强度的情绪状态（一般要 7 分以上）引导个案联结到以往有这种情绪的经验、记忆中。

这个技巧可以帮助个案把现在不舒服的感觉联结到第一次出现这种感觉的时刻，直接回溯到最早发生的一刻。

催眠师要个案在清醒状态下，形容不舒服的感觉，然后在催眠状态中，借由让个案集中注意力，加强不舒服的感觉，当情绪变得强烈时，引导个案回到最早发生的时刻，鼓励个案去面对过去的经验，而往往那就是造成现在不舒服的原因。

步骤：

1. 请个案形容不舒服的情绪、身体上的感觉。要求个案说出身体的感觉，例如头疼、胸闷等。告诉个案，你将会在催眠时，要他们重新体会这种不舒服的感觉。

2. 选择一种柔和式的诱导法，花点时间诱导、深化。

3. 暗示个案体会到刚刚描述的不舒服感觉，然后暗示变得越来越强烈，在最强烈的时刻（你可以观察到焦虑、紧张的增加，还有其他身体状况），要求个案带着这个感觉，回到他们第一次体验这种感觉的时刻。

4. 当你要引导个案回来之前，务必告诉个案，他们刚才经历的事件，是在年纪小的时候发生的（大多数的情况）。暗示个案，他们现在已经是成人了，可以选择把这些被压抑或潜藏的东西带到意识中，他们可以通过观照摆脱这些事件带来的负面信念、负面情绪。

自动书写

自动书写（Automatic Writing）是指人在转化意识状态时，手自动写出信息，整个过程中，当事人就像旁观者，或心神飘移至另一次元，不是凭自己的思维来书写的。

以催眠来进行自动书写时，一般来说，受术者并不知道自己在写什么，直到写出来之后才知道。

临床应用时，自动书写可以流露隐藏在潜意识的信息，帮助他回忆、表达意识层面不方便表达的，揭露压抑的痛苦与创伤，甚至发掘潜藏的才华。

最好是在专业人士的陪伴下进行，经过充分的说明之后，明白潜意识的运作机制，以免受术者以为自己走火入魔、人格分裂。

做法：

等一下我会从1数到10，当我数到10，你会睁开眼睛，并且保持在很深的催眠状态中……

你的右手现在感觉很奇怪，好像从你的身体脱离而独立了……我现在拿一支笔给你的右手了……很好，你的右手会自己写字，它会自动写字。

你完全不需要控制你的手，也不需要帮助你的手，你只要像旁观者一样，看着你的手会自己写字就好了……

我会问你一些问题，然后你的潜意识会自动引导你的手写出答案来，甚至你的意识不知道的答案，你的手也会回答出来……

现在把笔握好，我要开始问问题了……你的右手会自动把答案写在纸上……

等自动书写结束后，要记得暗示他，这只手与身体联结回来了，又成为身体的一部分了……

免得这只手处于解离状态，离开咨询室之后不知道会做出什么惊人之举。

如果是在课堂上示范教学时，要选择能进入深度催眠状态的学员，催眠至足够的深度，让他和写字的手产生解离现象，仿佛那只手独立存在了。

然后，要求一两位受术者同时看书，或诵读一本杂志的一篇文章，另外一位受术者，则让一个人陪他谈话。

同学们会惊讶地发现，受术者可以做读书、交谈的活动，同时又可以自动写出答案。

你可以在清醒状态下问下列问题，再在催眠状态下让他用自动书写答一遍，看看自动书写可以比平常意识多回答出几个。

1. 你小学一年级时，最好的同学叫什么名字？

2. 你小学一年级时，谁坐在你后面？

3. 你小时候为自己买的第一件东西是什么？

4. 在你 4 岁生日时，你得到了什么礼物？

5. 你家的第一个电话号码是多少？

6. 你的初吻发生在星期几？

7. 你的初中学号是多少？

8. 第一次感受到地震是几岁的时候？

9. 小学一年级的老师名字是什么？

10. 第一次到电影院看电影，看的是哪一部电影？

如何在催眠治疗中走得更深

简单对个案说：“告诉我更多细节……”

如果个案说：“什么都没有。”“我没有进入催眠。”这时催眠师可以说：“只要告诉我你记得什么。”就可以发现个案期待的是什么，或是抗拒什么。

个案第一次回忆事件时，不要打断他，但是帮助他说出更多细节，让更多情绪浮现。

让个案再度叙述，会出现更多信息，释放更多情绪。有时候我会让个案一而再，再而三地叙述同一事件，直到充分释放、充分表达为止。

有时个案沉默，催眠师要耐心等候；有时个案沉默，催眠师要给予引导，例如问他：“现在感受到了什么？”就会引出内容。

个案叙述时，简单地回答个案，表示了解他所说的话，例如“嗯……嗯……”“很好”“我了解”。

问句中避免引导或暗示，例如，“他多老”“他多高”，而应该用“他的年龄是多少”“他身高几厘米”，除非当你问他多老、多高是有特别用意的。

如果个案的图像观想能力好，可以像操作录像机一样，引导他在回忆时，进行跳到下一个重点、倒带、快转、停格、慢动作、局部放大、缩小、变亮、变暗、调整焦距等操作，好达成特定的治疗目的。

可以将食指设定成意念动作（Ideomotor），来替潜意识传达“是”“否”“不确定”“不想说”等信息。

如果个案在催眠状态中一直看不见、回想不出来，可以用指头有规律地轻轻敲他的额头，也就是“第三眼”的地方，帮助他唤出记忆。

如何成为一个厉害的催眠师

催眠师的修炼

一般人会因为生病去找医师，因为心理问题去找心理师，因为精神问题去找精神科医师，因为宇宙人生的问题去找出家师父，因为生活事业的问题去请教顾问专家……然而，以上这些问题，人们都会因此而来找催眠师。

许多疑难杂症，人们试过各种方法之后，可能就要来求助于神秘又神奇的催眠术，来个死马当活马医。

常常遇到个案带着非常古怪的问题来求助，这些问题之离奇，常常使我忍不住赞叹，潜意识实在太有创造力了，可以创造出这么奇妙的症状！

写到这里，浮现在我心头的，是有一次来了一位事业有成的中年人，他愁眉苦脸，告诉我，他有一个伤口，一直无法痊愈，让他很难过。

我问他伤口在哪里。

他指指额头。

我没会意过来。

他又指指额头。

我才明白，他的伤口在额头。

他说，他的伤口是无形的，所以去找医生，医生也没有办法。

噢！

无形的伤口，当然是来找催眠师解决了。

所以，催眠师要好好修炼啊！

这地球上有非常多的神奇事物等着催眠师去发现、去探索，有非常多的疑难杂症等着催眠师去搞定呢！

催眠师该如何修炼自己呢？

先说重点。

一、身心灵要平衡发展。二、理智与情感和谐互补。三、知识与技术要齐头并进。四、锻炼觉知、清醒、活在当下的能力。五、锻炼威仪，让人看见你的举止时心生敬意。

详细说要点。

身体要保持健康、活力的状态，不抽烟、不酗酒、不吸毒，维持良好的生活作息。

心理层面要清理到至少60分的干净状态，没有明显的问题，当过去的问题浮现时，能警觉到，能自我处理。

灵性方面，能对宇宙人生真理有深刻认识，不被世俗名利权势迷惑，把人生当作一场学习。

理智上要有实事求是的精神，具备独立思考能力，能以多层次眼光看待问题。

情感上要能保有宁静甚至是喜悦的心情基调，能理解别人的感受，敏锐觉察别人的情绪状态，能展现正面情绪，感染求助者。

同时，自己有足够的自信与安全感，不需要从求助者那里攫取仰慕、崇拜、被依赖感。

在男女情感上，要站稳脚跟，坚决与个案保持纯治疗关系。

催眠的相关知识要广泛涉猎，各家各派催眠术都要浏览，在还没有功夫大成之前，务必多多上课，多方学习。

心理学、社会学、宗教、人文、广告、营销等学问也要多多增长，总之要做个知识渊博的现代人。

每年 AAH 亚洲总部会提供或指定 15 个小时的后续进修课程，这样的设计能让会员与时俱进，成长不停止。

催眠的技术要熟能生巧，乃至能灵活创造。

要把基本催眠技巧练习到不假思索就能用出来，语言的、非语言的技巧都会，瞬间催眠技巧、舞台催眠技巧也要来上几招，有时可以发挥奇效。

催眠心法务必烂熟于心，这样就能随心所欲。

在催眠别人之前，要先把自己催眠好。

催眠师要常常自我催眠，通过自我催眠放松、缓解压力、处理心事、提高身体机能……

一个没有优秀的自我催眠能力的人，肯定不会成为好催眠师。

你的清醒度越深，你能调动的潜意识大智慧、大能力就越多。

威仪，现代教育谈得较少，古代修行谈得较多。在你没有开口说话之前，人们光是看到你的仪态，就能喜欢你、信任你、敬重你，这就是威仪。

锻炼自己，以安详、稳定、从容的身心状态来面对个案、面对学员。

随时修正自己的语言、动作、表情、念头、情绪，努力做到没有多余的，力求一切言谈举止恰到好处。

威仪是由内在的修为渗透到外在的气质，不是摆手势做表情就能唬人的。所以，外在的威仪，其实是来自内在的修炼。

最重要的是，努力锻炼活在当下的能力，时时刻刻以放松的心态、警醒的心智面对生活、面对人事物，这将是一辈子受用的好东西。

多余的东西渐渐磨掉了，清醒意识出现的频率与时间越来越多，你就会在内在渐渐累积高等能量，累积到某个临界点之后，你会忽然发现自己跃升到更高的境界，自然而然地，一点都不费力。就像朱熹的诗句："昨夜江边春水生，艨艟巨舰一毛轻。向来枉费推移力，此日中流自在行。"

催眠师的功力绝对是日积月累的，随着你的人生阅历、知识经验增加而水涨船高。

这是一门活到老学到老的技术，也是一辈子可以越体会越深的“道”。

不管活到几岁，只要你还能开口说话，你都可以快快乐乐地当催眠师！

催眠可能出现的流弊

虽然催眠可以带来的益处非常多，但是我们依然必须如实面对催眠可能出现的流弊，如同你要认识世界的光明面，也要认识阴暗面，才能对世界有完整的认识。

催眠师特别要认清这一点，才能充分发挥催眠的正面功能。

1. 有些患者会期待神奇的催眠可以治愈他们的疾病，导致他们没有进行适当的正规医学治疗。

2. 如果催眠师只处理了个案的症状，却没有从症状的根源下手，这样做，就像把火山口堵住，过一段时间之后，地下的火热岩浆找到新的出口之后会再度爆发。

3. 由于催眠的形象有神秘色彩，导致有些个案会对催眠、催眠师产生依赖的心态，催眠师必须敏锐觉察这种现象，引导个案能发展健全独立的人格。

4. 不当的、负面的暗示，会对受术者产生严重后果，AAH 强烈要求催眠师不得给予个案不当的、负面的暗示。

5. 心怀叵测的催眠师可能会无耻地利用求助者的信任而牟取不当的利益。翻开催眠历史，以催眠为犯罪工具的案例虽然不多，但它是存在的事实，值得想寻求催眠师协助的人小心谨慎，要严选人品高尚的催眠师。

6. 年龄回溯与前世催眠可能会诱发虚假记忆现象，影响个案的认知，甚至导致法律纠纷，所以催眠师要协助个案以理性面对。

7. 催眠师如果遇到超过自己能力范围的个案，要转介，以免延误病情。

8. 催眠过程中，个案可能会产生情欲，投射到治疗师身上。绝大部分的治疗关系如果掺杂了情感关系、性关系，治疗会受到破坏，最后，个案会带着比原来更大的问题离去。因此，催眠师要严格遵守伦理界限。

9. 部分催眠师会强调催眠在灵异、神通、特异功能等领域的神奇功能，通常都很难拿捏正确的尺度，导致诸多不良的后遗症。我们建议催眠师要行中庸之道，一方面如实面对宇宙人生的真相，另一方面杜绝夸大、渲染、走偏锋的畸形。

10. 催眠是非常好用的工具，但催眠不是万灵丹。钉锤要当钉锤用，锯子要当锯子用，才能真正发挥它的工具价值，同样地，催眠要当催眠用，不要将它无限夸大。

如何设计催眠指令

首先，关于治疗的部分，不要想着光是用催眠指令就能把受术者的问题治好。

大多数的身心症状都有内在的心理动力，没有找到真相来对症下药的话，是不可能真正解决的。

万一真的只靠一两句正面指令就把问题解决好了，很可能只是表面症状消失，然后，地下潜流则伺机而动，另外寻找出口。

像戒烟、减肥，通常都不是靠指令就能解决的问题，如果能这么简单就解决，报纸、书本、亲友的耳提面命，早就把这些问题解决好了。

再来，我们谈谈催眠指令的要点。

第一，正面。永远维持指令的正面性质。

例如说，“我要在一个月内减肥 2 公斤”，这不是好的指令，因为还有“肥”这个字。

再举个例子，“不要去想你手上的戒指……”很难啊！

如果你给潜意识的指令是负面的词汇或句型，可能会弄巧成拙。

第二，简单。使用简单的语句，使对方能轻松明白。

第三，目标明确。例如，“我明天早上要早起”就没有“我明天早上6点钟会准时起床”来得明确具体。

第四，可验证。例如，“我会越来越有自信”就没有“我能够在电梯里对陌生人微笑”来得可验证。

第五，符合经验法则，能使自己信服。例如，“我要一天减肥1公斤，一个月后就从90公斤变成60公斤”，这种话无法让自己信服，效果就出不来。

第六，逻辑一致，不可自相矛盾。例如，当你举起受术者的右手，却对他说：“现在，我要把你的左手举起来……”（除非你用的是高级催眠技巧里所谓的混淆法，让对方无所适从，而遁入催眠状态中。）

最后，语言是催眠师最重要的工具，请务必锻炼出精确的表达能力！

从日常生活中就开始注意“没有多余的言语”的练习。

如何提高催眠治疗的成功率

以下是我从事催眠治疗以来的一些经验之谈，希望对新手治疗师有所帮助。

心态

催眠状态，正常的人每天都经历很多次，所以，只要是正常人就一定会被催眠，能够进入催眠状态。

所有的催眠都是自我催眠。

因此，催眠师从不失败，被催眠者可能会失败。

诱导时，不疾不徐，充满自信，掌控一切。

催眠师要掌控一切，又要让事情自然发生。

尊重个案的潜意识智慧。

不知道接下来该怎么办时，请教个案的潜意识。

催眠师也有潜意识的智慧，所以，平时要多多锻炼直觉，治疗的时候，信赖直觉。

不要认为是“我”在催眠个案。

潜意识其实一直在想办法帮助当事人，如果能看清楚潜意识正在做什么，然后有意识地引导，潜意识可以用更好的方式来表现。

为什么个案愿意照着催眠师的话去做？因为你真的关心他。

有人问艾瑞克森，为什么个案愿意执行他给予的古怪任务？艾瑞克森回答：我极度尊重个案。

催眠师不需玩弄技巧，当个案敬重你时，你简单说几句话就足以完成催眠了。

做法

随时观察个案，观察他的表情、身体姿势、呼吸节奏、眼神、一闪而过的情绪表现、脸上肌肤颜色的变化。

善于察言观色，随时调整你的说话方式与内容，诱导词要灵活变化。

进行敏感度测试，可以让你充分掌握受术者的状态，从而提高成功率。

善用你的声音，声音是催眠师最重要的武器。

注意：活在当下的声音最重要！

询问个案曾经有过的转化意识状态经验，这些经验都可以成为诱导个案的快捷方式。

善用音乐，善用当下环境的声光刺激，作为诱导的媒介。

如果个案一直说话，把宝贵的治疗时间耗在无关紧要的谈话上，催眠师要果敢中断他的谈话。

学习用惊愕法来中断个案的思维、谈话。

例如，个案滔滔不绝地说话，你忽然说："昨天下雪了……"个案立刻停止说话，露出莫名其妙的表情，然后你接着说，"现在谈谈你上次说的那个梦境，我觉得这个梦很有价值……"

如果个案一直看不见画面，或回想不起关键的点，你可以一边引导他，一边用指头有规律地轻敲他的额头，也就是"第三眼"的位置，常常会出现意想不到的好效果。

有时候，为了让个案打破惯性，获得深刻的活在当下的经验，试着要求他做一些古怪的事情。

真正的治疗，往往发生在个案离开咨询室，到他下次进来之间。

所以，要求个案回家后要做你交代的"家庭作业"。

时时提醒个案思考——你真正想要的是什么？你希望自己是怎样的人？

询问个案："为了达成你想要的，你愿意做哪些努力？"使得个案从"想要"的目标阶段提升到"如何达成"的行动阶段。

催眠治疗是帮助个案不断探索自己的过程，帮助他越来越认识自己。

由于人的行为深深受到无意识形成的信念的制约，以至于人们很少能活出自己该有的美好状态，这时候，探索"是哪些信念束缚了自己"，会很有帮助。

为了激励个案，有时我会在初诊时告诉他："我可能没办法帮你催眠，因为我还没感受到你想改变的决心。"

直到个案保证他会配合我，他会做我交代的家庭作业，这时，可以接纳他当个案，因为他已经承诺要改变了。

梦是潜意识的信使。

重视个案的梦境，请他记录治疗期间所做的梦，这个梦往往蕴藏了治疗的关键线索。

小心你对个案所说的每一句话，例如，“你的母亲最近才过世，所以你一定很难过……”这种无心的暗示可能会加深个案的痛苦。

有时候你给了个案一些暗示，一时之间好像没有发挥，但是，它可能留在潜意识中，等待时机。

小心你说出的每个字、每句话……

关于“隐藏利益”

当个案陷溺于某种负面情境，也许是事业不顺，也许是长期慢性病，也许是贫穷，也许是经常抱怨东抱怨西……探索个案是否从中得到好处，看清其中的“隐藏利益”（Secondary Gain），往往可以帮助个案选择更好的方式来获得他所要的。

几乎任何境遇都会有“隐藏利益”，唯有个案有意识地觉知到了，他才会有能力去改变。

心理学描述人的生病历程时，会有所谓的“首要利益”（Primary Gain）及“隐藏利益”。一个人生病的时候，他会扮演“生病的角色”（Sick Role）。病人和正常人在社会体系运作下所扮演的角色截然不同：生病可以免除许多责任，可以成为逃避问题的合理借口，也可以借由“我是病人”得到许多关爱与照顾，甚至以病者的姿态操控别人。

举个例子：

第一次世界大战期间，许多士兵突然出现双脚麻痹、失明等症状，因而被送到后方疗养，但检查结果又找不出生理问题，这些士兵也不是“装病”，因为他们的症状是真实的，自己也很痛苦。

深入分析心理状态，才发现这些士兵恐惧战场，又不敢说自己害怕，这样有辱军人尊严。这时，潜意识出马了！在心理防卫机转下，身体开始出现症状，变成病人，就不用上战场了，而且还被送到后方疗养，治疗过程中，得到许多人的关心与帮助，症状甚至还会持续很久。

这就是典型的隐藏利益。

弗洛伊德（Freud）认为一些冲突过于强烈，无法被案主接受，所以被心理防卫机转排除在意识之外，造成解离现象，这对案主自我统整有直接帮助，所以叫作 Primary Gain，而解离现象所引发的“社会责任豁免”等，则称为 Secondary Gain。

如何教授自我催眠课程

在正式教授完整的催眠课程之前，我是从自我催眠开始教起的。

自我催眠的内容分量较少，大约一个下午或晚上即可上完课。

由于收的学费较低廉，招生上会更轻松。

你也可以应邀到学校、机关、团体去演讲、授课，也可以一对一传授。

经由演讲、授课，你的曝光率会增加，潜在的个案、催眠学员会越来越多。

在教授自我催眠的同时，你也可以积累教学经验，建立教学信心。

自我催眠课程的建议大纲：

1. 放优美的音乐，进行团体催眠，让大家先享受催眠的愉悦。

2. 自我介绍。

3. 学员自我介绍，并且说明参加课程的原因。

4. 解释“催眠是什么”，然后介绍自我催眠的益处及其应用范畴。

5. 示范催眠敏感度测试。学员将会从这儿感受到催眠的神奇。

6. 讲解催眠的 5 个标准步骤。

7. 教授渐进式放松法及简单解除催眠技巧，然后进行“3 分钟自我催眠放松”。

8. 讲解如何设计催眠指令，然后进行小组讨论，针对个人需求设计一个自我催眠指令。

9. 传授手指计数法，然后实际操作“自我催眠 + 输入指令 21 次”。

10. 教导学员利用数数法来进行诱导、深化，然后，想象自己吸气时把美好的宇宙能量吸收进来，把黑气、浊气由脚心排至地球内部。

11. 讨论哪些状况用自我催眠输入指令即可处理，哪些则需要做催眠治疗。

12. 最后，回答学员的疑问，确定每个学员都熟练以上内容。

13. 视情况需要，进行锻炼觉知的活动。

一个好的课程，要让学员有机会去动。不管是动脑筋、动嘴巴还是动手，都会使学员获得更好的学习效果。

14. 如果学员有意愿，可以专题教授更高级的“止观双运自我催眠治疗”技巧，这个部分，建议收高一点的学费。

上课规则

1. 拥抱，是 AAH 催眠课程的特色，对学员的成长与学习帮助很大，所以列入课程必备元素。每次上课告一段落，例如早上下课、下午下课的时候，进行拥抱。学员与学员拥抱、与老师拥抱、与助教拥抱、与工作人员拥抱。学员在催眠课程告一段落后，一致表示，课程中大量的拥抱，是生命中难忘的美妙记忆。

2. 任何时候都欢迎学员提问，唯发言前请举手。

3. 下课休息时，千万别问问题，让老师休息。

4. 不方便在课堂上提出来的问题，可以写字条给老师。

5. 努力记得同学姓名，你很可能在催眠课程中结识一辈子的好朋友。

6. 手机务必关掉！按照墨菲定律：手机总是在大家正要进入催眠状态时

突然大声响起。

7. 保持口腔清新，口臭不是解除催眠的技巧。

8. 未征得老师允许，请勿录音录像。

9. 课程期间，学员会渐渐累积高等能量，请小心保存，善用于清醒、活在当下，勿流失于闲谈、感官娱乐、兴奋熬夜。

10. 熟读讲义，熟背标准催眠词，将使你学习催眠时事半功倍。

11. 每次上课一开始，全体学员诵誓词。

12. 课程期间，每天都要撰写梦的日记，从中可获得宝贵的潜意识信息。

13. 课程期间，每晚睡觉前，进行自我催眠，并输入为自己量身定制的指令。

14. 课程期间，有意识地锻炼身体，做适当的运动，以维持身体的健康与活力。

15. 课程结束后，把你的心得、体验分享给亲朋好友，让更多人获得正确的催眠知识。

16. 课程期间、课程之后三个月的黄金学习期，要积累三种催眠师必备的经验：自我催眠、被人催眠、帮人催眠。

如何发展你的催眠事业

并不是每位学员来学催眠都是为了成为专业的催眠工作者。

如果你是想把催眠当作事业来经营的话，那么，请仔细阅读以下建议。

催眠治疗师有很多发展的可能性，一般来说从业的方向有：

1. 催眠治疗师。

2. 催眠训练师。

3. 把催眠与你的专业结合在一起。

无论是哪一种方向，你必须务实地考虑：

1. 想成为专业人士，你还需要加强哪些层面？还需要受哪些训练？预计投资的学费是多少？预计需要多久才能提升到足够的水平？

2. 催眠训练师通常都要有足够的临床治疗经验，熟练各种催眠技巧，能流畅示范。

3. 大部分的催眠治疗师是以工作室的形态出现，工作性质是单一的，或许不像一般上班的环境那样有很多人气，需要耐得住寂寞。

4. 评估你的性格是否适合。

5. 你打算从兼职开始，还是从专职开始？请务实评估你的资金，刚开始的时候，常常收入很少。

6. 做好营销企划，规划网站，把你的服务、课程消息散播出去。

7. 你是单打独斗的个人英雄，还是背后有组织资源的支持？最好有一个平台可以让你进行同行的信息、技术交流，提供后续的专业进修。

8. 催眠这一领域，不属于赚大钱的行业，它有真理的成分，有热情的成分，有理想的成分，如果是想赚大钱的人，可能不适合入行。

如何避免负面能量

常常遇到人们问我："你帮人家做催眠治疗，接触的有问题的人多了，会不会被负面能量影响？"

这是有可能的，催眠治疗师必须慎重面对。

佛经有一段话说，手上有伤口的人不可以捧毒。（《法句经》："假若无有疮伤手，可以其手持毒药。毒不能患无伤手。不作恶者便无恶。"这段话值得深思再深思……）

如果治疗师自己内心还有很多问题，那么动不动就被个案的问题给感染了，光是应付内在喷涌出来的负面能量就已经力所不及。

所以，首要原则是，催眠师要先把自己清理到至少60分的程度。

其次，催眠师要拥有随时能警觉、能活在当下的能力，在处理个案问题时，不会认同问题，能保有超然清明的心境。

保持"雁过寒潭而不留影，风过疏竹而不留声，事来而心始现，事去而心随空"的心情来面对个案，就能此心悠然，处处从容。

能做到以上两点，就绝不会有受到负面能量影响的可能。

接下来，介绍几个重点：

咨询室设置神圣能量

根据你的喜好，在咨询室适当地放置佛像、水晶等器物，营造神圣感。请注意要恰到好处，不要搞成佛堂、道坛的浓烈宗教气氛。亦可在身上佩戴具有神圣能量的项链、戒指、饰物。

保护罩观想

进行治疗之前，或任何时候，进行白光保护罩观想，来阻挡不良能量。

排除浊气的技巧

拍打身体、神圣火焰观想、OM观想发声法、抖浊气法、太阳能观想……

最后叮咛：

催眠治疗是利己利人的事情，是行善积德的事业，只要真心诚意助人，不但不会吸引负面能量，反而会聚集越来越多的正面能量。

如何拯救陷入负面暗示的人

在现实生活中，常常会有人无意间接收到负面暗示，没有警觉，任凭负面暗示在潜意识里滋生蔓延，导致了各种层面的悲剧。

有些父母没有注意到自己就是影响孩子最厉害的催眠师，很可能会这样说话："你怎么这么笨！看看你，这么简单的题目也做不出来！你啊，朽木不可雕也，没指望了。"

这个负面暗示也许就会一辈子毒害这个孩子！

同样的情形，学过催眠的父母可能就会说："孩子，我相信你，你努力就会取得好成绩，相信你能成为最好的自己。"

如果，现在是你接收到了负面暗示，而你也警觉到了，你该如何化解这个负面暗示呢？

容我举例说明，你就会知道如何解决了。

《催眠大师》这本书里，最后结尾出现一个番外篇，特别提了沈立一笔。

方教授的众多学生里，徐瑞宁、顾洁、沈立三个人最为优秀，而沈立被方教授评为专业水平最高，但悟性比不上徐瑞宁与顾洁。

美女医师的嗜好是养虫子，她在诊疗室的阳台上布置了一个饲养空间，里面有各种漂亮的虫子。

这个番外篇的标题是"虫子"，描写沈立怀孕两个月时，看病闲暇，正在观赏她养的美洲蜻蜓啦、狼蛛啦，一个妇人提醒她说："怀孕的人，不要常常看这些虫子，免得孩子的脸也长得像虫子！"

结果，她被这句话催眠了！

开始梦见生下来的婴儿长着一张虫脸，令她越来越害怕，害怕到不敢生下小孩。

结果呢，怀孕到 4 个月时，胎死腹中。医生摇着头说："真奇怪，为什么胎儿在母亲子宫里吸收不到母亲身体给予的养分呢？"

得知这个结果，沈立反而松了一口气。

这本书的结尾就说："我们的潜意识对身体的可控程度，有着我们永远无法了解的惊人力量。甚至这股力量可以惊人到……可以让一位母亲轻易放弃身体里胎儿的生命。"

其实，我认为这个番外篇斧凿痕迹太明显，身为催眠师的沈立有许多种方法可以解除这个负面暗示。作者就是为了强调潜意识的力量，而安排了这个桥段。

现在我们根据书中故事，假如你就在沈立身边，发现她被这句话暗示了，你可以怎么样帮助她，让她不会发生这样的悲剧？

如何拯救陷入负面暗示的人，让他的内心恢复干净与光明的状态呢？

首先，要觉察到：啊，有一个负面暗示入侵了！

只要有了这个觉察，事情就好办。

负面信念之所以会在潜意识里蔓延作怪，就是没有被觉察到！只要觉察到了，援引觉知之光来照耀，负面暗示就会失去影响力，这时运用催眠可以有无数种解决方法。

以下提供给读者三种简易有效的技巧。

第一种技巧，称为"形象转变法"。

觉察到这个负面暗示之后，你就可以引导对方有意识地改变它的形象，例如在心里面把美洲蜻蜓的形象转化成一只可爱的卡通蜻蜓，在空中跳着滑稽的舞步，那份恐惧与担心就会消失。

第二种技巧，称为"除旧布新法"，直接把不良暗示抹除掉，以好的暗示来替代。

具体做法很简单，引导对方进入催眠状态，想象虫脸从彩色画面变成黑白的，再逐渐变小变暗，然后从左下角消失。消失之后，想象眼前出现一张可爱的好看的婴儿的脸，变大变亮，色彩鲜明，然后对着自己微笑。

甚至，你还可以引导对方去想象孩子的脸长什么样，仿佛在玩 APP，可以随心所欲来塑造孩子的五官。

这样，就能直接把不良暗示抹除掉了。

第三种技巧，是进行内在对话。

引导对方想象美洲蜻蜓出现在脑海前方，然后以平静、觉知的心与它对话。

问问它："你在想什么啊？你想做什么呢？你有什么信息要传达给我？"

通常人们都会发现，它不但是无害的，甚至是来帮助你、守护你的天使，而恐惧会让人把天使误会成魔鬼的。

这种内在对话，也可以应用于治疗各种恐惧症，让个案与恐惧的对象面对面来对话、交流。

所以，这个状况处理起来其实蛮容易的。

关键在于你警觉到了，就能够在第一时间立刻处理，效果立竿见影。

除了这三种技巧之外，还有一种我经常使用的方法，就是向潜意识大智能请教！

毕竟最了解当事人的不是治疗师，而是他的潜意识大智慧。

所以，当沈立进入催眠状态之后，我会这样说："所有的灵性大师都告诉我们，人人内在本具大智慧，你的内心就有一切的答案。所以，接下来，我想请问你的内在大智慧……内在大智慧啊，请问该如何解决沈立的虫脸恐惧？当我从 1 数到 10 的时候，请你开口说话，给沈立清楚的指引……"

通常数到 10 之后，你就可以听到潜意识大智慧的回答，往往会令人惊喜。

催眠启示录 1：催眠后暗示的哲学启发

有一次在催眠训练课程里，我邀请女学员小玲登场示范。当她进入深度催眠状态后，我暗示她，等一下当我拍一下手，她就会睁开眼睛，并且看见坐在她前面的人是失散多年的好朋友。

这个示范是要用催眠来制造幻觉、呼唤记忆、活化情感，难度较高。

拍手完毕，小玲睁开眼睛，往眼前的同学那儿一瞧，眼眶立刻湿润，鼻子转红，然后一个箭步跳过去拥抱“失散多年的好朋友”，一边啜泣，一边说：“这么多年了，我好想念你噢……”

我在一旁问她：“她叫什么名字？什么时候的朋友？”

小玲不假思索，抽咽着说：“她是林灵，是我高中时代最要好的同学……”

我耐心等候她叙完离情，回到座位后，再度下指令说：“我们准备结束这次的催眠了，当我弹一下指头，你就会睁开眼睛，结束催眠。然后，你会站起来，把大门打开，而你会忘记这是我要你打开的。”

小玲听见我弹了一下指头，就睁开眼睛，表情轻松。我问她感觉很轻松对不对，她说对，然后我故意不理会她，慢慢地环视同学一周。就在这寂静的时刻，一股张力逐渐绷紧，大家在期待着……

小玲好像在思索什么，又好像有些迟疑，天人交战了几秒钟，终于霍地站了起来，往大门走去。

大门敞开了，她露出一种轻松的神情，仿佛把心上一颗石头给卸下了。

我立刻问：“什么原因使你把门打开了呢？”

小玲毫不犹豫地说：“等一下就要下课了，我先把门打开，这样大家走的时候就很顺畅了。”

同学们扑哧一笑，小玲也跟着笑起来，但有点不知所措。

“你的意识很清楚，对不对？”

“是啊。”

“你起身开门前，心里在想什么？”

“我觉得有一股冲动想去开门，可是又觉得很怪，想了好久，还是觉得去开门比较好。等老师问我为什么开门时，一个念头跑出来，我就那样回答了。”

我告诉同学们，这就是深度催眠状态下的催眠后暗示的典型反应，被催眠者完美地接受暗示，并且做出被指示的行为。

然而，最奇妙的地方就在这里！

被催眠者忘记了，是催眠师要她开门的。可是，她必须解释自己为什么要开门，她绝对不会说：“我也不知道自己为什么要开门。”所以，她会找出一个说得过去的理由。

承认无知，是一件令人痛苦万分的事情，所以人会想解释一切事情，好满足尊严的需求。

心理学教科书里的这一催眠实验，被催眠者说开门是因为室内很闷，今天小玲说是为了方便同学离开，这不就是自我防卫机转里的合理化作用吗？

我说：“同学们，人不知道自己在做些什么，而人却以为自己知道一切。这是弗洛伊德的伟大贡献，也是弗洛伊德令人厌恶之处！人要对自己的所言所行保持高度的质疑。否则，绝对会糊里糊涂过一辈子。”

催眠启示录 2：幻觉与认知扭曲

最近大陆的选美比赛出现一则插曲，就在主持人宣布后冠得主时，3 号小姐误听成是她，一时激动无比，泪流满面地从一行佳丽中走出来，全场错愕，场面非常尴尬！

毋庸置疑，3 号小姐多么希望自己赢啊！从心理学角度来看，这是典型的内心期望扭曲认知的例子。

老人撰写回忆录，也是绝佳的心理学研究对象。通常，人会倾向于遗忘不光彩的事情，或者以对己有利的观点来叙述往事。如果同一个历史事件的参与人都写了回忆录，那么，交叉比对其间的差异，将会有莫大的乐趣。

不久前，在我的催眠课程中，很罕见地同时有三位学员进入了第六级催眠深度。

第六级催眠深度是舞台秀催眠师的最爱，它的特色是会产生“视若无睹”的负性幻觉。

我下了指令说：“等一下当我请你睁开眼睛之后，我会问你：‘现在几点钟？’你会去看你的手表，可是你会发现手表不见了，然后你想找室内的其他钟表，你也都看不见了。”

就在其余学员屏气凝神观望时，三位慢慢睁开眼睛了，很明显地，处于深度催眠状态下，眼神与表情都令人感觉到“仿佛置身于时间流动缓慢的异次元”，于是我很有把握地问：“看看你的手表，现在几点？”

第一位学员缓缓偏过头来抬手看看表，才瞧了一眼就说：“不知道。”然后东张西望了几下，又说，“老师，你这儿都没有时钟。”

这是标准反应，她完全看不见时钟与手表。

第二位学员则露出非常疑惑的表情看着手腕，每当她快看见表面时，手腕就会转动，把表面转至视野死角，仿佛她的手表正在手腕的操控下，与她的眼睛玩起捉迷藏游戏。

她说：“老师，我知道手表就在手上，可是它不听话，它会乱跑！”

看到这儿，其余学员都忍不住掩嘴偷笑了。

第三位学员则非常干脆地看了看手表就放下，还闭上了眼睛。

我以为他没有成功进入第六级深度，没想到他回答说：“老师，我有老花眼，眼前都是雾，所以看不见！”

而我可以跟你保证，他视力好得很，几分钟前还拿着讲义帮大家念了一大段“如何分类催眠深度”的数据。

所以同学们个个笑得人仰马翻。

通过深度催眠诱发幻觉的实例，可以明白：当人接受了看不见手表的指令后，他会以各种不同的方式来实现指令。

这正是内心期望影响认知的催眠实验。

幸好这只是上课的示范，学员会立刻知道是受我刚刚给的指令影响，不会把幻觉带进生活里。

可是在现实生活中，人们背负多少幻觉与认知扭曲行走在人生道路上呢？

身为催眠师的我，深刻了解人是这么容易被影响而看不见真相，如果缺乏强烈的自我反省与理性检验，人生真是寸步难行啊！

催眠启示录 3：神圣的遗忘

上帝不喜欢独自吃晚餐，于是，“神圣的遗忘”发生了，人忘记自己是神，才能来到这世界上尽情游戏；在虚无之中，有了缤纷多彩的人生际遇，于是，至上的意识包罗万象。

催眠过程中，人刻意把意识的控制权交给了催眠师，于是，在意识与潜意识的微光地带，少了意识的屏障，潜意识的门户打开了，催眠师就能长驱直入宽广无涯的心灵宇宙，说要有光，就有光。

在日常生活里，人活在小小的自我里，这小小的自我想掌握一切，其实什么也掌握不了，连自己是谁都搞不清楚。

当人愿意放下小小的自我，反而有机会一睹真我现身时的奇妙风光。

与催眠师一起合作，进入催眠状态里，正是一种暂时放下自我的练习。你可以学习自我只是保持观照，不干涉正在发生的事情，好像山看着云拂过山峦，好像花蕊看着蜜蜂采蜜，好像银河系看着自己在旋转，只是看着，而无心，没有造作。

一次的催眠课程中，女学员C小姐进入第四级催眠状态，产生“失忆现象”。我请她从1数到5，她流畅地数成1、2、3、5，4这个数字彻底从她的脑海消失不见了。

我问：“3跟5之间的数字是多少？”

她想一想，说：“3跟5之间……没有啊！”

接下来，我再给她新的指令，指示她把自己的名字也忘掉。

我问：“你叫什么名字？”

她眼珠往上瞄了几下，说：“不知道。”

“你有名字吗？”

“本来有。”

“现在呢？”

“不见了。”

“那你的名字跑哪儿去了？”

她说：“我现在觉得没有名字蛮好的。”

学员们都被逗笑了。

接下来，我按住她的肩膀说：“你现在记得自己的名字了，而且你会发现你说不出话来，无法发出任何声音。”

然后我注视她的眼睛，问：“你叫什么名字？”

她挣扎着要回答，嘴巴附近的肌肉努力了一阵子，终于放弃了。

我问：“你知道你的名字吗？”她点头。

“写给我看。”

她就一指书空，果然把名字写出来了。

这时，我请学员Q小姐上去随便问问题，Q问：“你爱你儿子吗？”

C小姐用力想挤出“爱”的嘴型，可是无法如愿。

Q就戏谑说："爱就要说出来噢……"

C小姐赶快用双手比画出一颗心的形状，表示她爱儿子。

这真是一次有趣的示范啊，C小姐把她的主控权交给了我，然后一切都在意识清醒下进行，如果不是通过催眠，她是不可能体验"有口难言"的。

我看看差不多了，该适可而止了，赶快帮C小姐解除催眠，恢复正常。

猜猜看，被我这样"戏弄"了半天的学员会不会K我一顿？

她的嘴巴重获自由后的第一句话是："廖老师，真是太有趣了！"

是的，就是这样，人生太有趣了。

因为遗忘自己是神，一滴水脱离海洋，才能蒸腾为云、坠落为雨，走遍高山、草原、大地，再复归于海，所以人生才会充满趣味啊。

舞台催眠秀

舞台催眠秀，是催眠，也是秀。所以，舞台催眠师，既是催眠师，也是演艺人员，否则无法扮演好这个角色。

从催眠的角度来看，舞台催眠秀有真有假——有些真的被催眠了，有些人是乐意配合，而且配合得很开心。

催眠秀的重点在于让大家开心，至于来宾是否进入催眠状态并非关键，关键在于来宾是否"配合"。

催眠舞台秀应用到多种催眠现象中，计有：催眠后暗示、人格转换、肌肉控制、记忆丧失、瞬间入神与瞬间回神、改变信念、正性幻觉、负性幻觉等。所以在催眠教学时，如果让学员也来尝试练习催眠秀，等于是把各种催眠现象都操作一遍，很快就能提升催眠的功力。

舞台催眠秀的风险

舞台催眠秀对参与的表演者、现场来宾有潜伏性风险，需谨慎对待。

其一，参与者可能事后会觉得自己干了糗事，而心情低落。

其二，舞台上有时动作剧烈，却没有适当的暖身。

其三，来宾可能也接收到指令，却在散场时没有解除干净。

其四，参与者若没有足够的催眠知识，可能会陷入恐慌。

其五，某些指令可能无意中诱发参与者的内在创伤。

常见的舞台秀手法

人格转换：变成超人、指挥家、斗牛士、脱衣舞男、异性、打字小姐、洗衣机，变成一头公牛跟斗牛士对决，变成知名歌手在台上载歌载舞……

肌肉控制：眼皮发黏、变成石像、人桥、手贴住脸、说不出某个名字或词语……

记忆丧失：忘记姓名、忘记某个数字、忘记日期、忘记自己的性别，当他忘记 7 这个数字后，让他依序数，10 根手指头数成 11 根……

瞬间出神：听到音乐就开始跳舞，音乐一停，就茫然地站在舞台上。

改变信念：暗示他现在很喜欢吃香蕉，觉得香蕉是全世界最好吃的水果……

正性幻觉：发现蜜蜂成群飞舞赶紧逃；拿着虚无的钓竿钓着虚无的鱼；把清水闻成香水；戴上神奇眼镜看见全场来宾都变成裸体；告诉他额头上有一根延伸出来的绳子，然后拉着这根绳子放风筝；把特定来宾看成老鼠，然后挥舞橡皮棒去打老鼠；给他一把扫把，暗示他那是一把吉他请他演奏；手拿可乐罐当作麦克风，对着虚无中的梦中女郎唱情歌……

负性幻觉：暗示他看不见催眠师，然后催眠师拿着一盆花，让他看见幽灵般的一盆花在空中飞来飞去……

催眠后暗示：暗示他解除催眠后回到座位上，座位上有弹簧不断把他弹起来，所以坐不下去……

还有无数种催眠秀的点子，这个世界很精彩！

关于人桥现象

人桥，在大陆习惯称为钢板，教授催眠课程期间，许多学员表示都很想见识一下，仿佛是一件神秘无比的事情。

早期我开始催眠教学时，觉得人桥的层次不高，所以没有在课堂上示范，顶多口头说一说。后来，我领悟到“发现自己也可变成人桥”，对当事人颇有意义，就比较不排斥做这种示范了。

基本上，只要能到达第三级催眠深度的人，都能顺利出现“人桥现象”。

它并不需要很深的催眠深度。

而且，就算没有进入催眠状态，正常人也都可以靠着自己的力量，有意识地维持人桥的姿势颇长时间。

做人桥催眠时，最重要的一点就是支撑点要讲究。

两个支撑点分别在小腿中间、肩胛骨下缘。

有些人误以为要以颈椎为支点，大错！千万不可。

把握这个安全原则之后，就可以放心去尝试了。

建议催眠师先在清醒状态下，把自己悬空横放在两张椅子上，双手紧贴大腿外侧或者紧抱住臀部下方，感受一下人桥的感觉。以此姿势维持一段较长的时间，你就会明白我上面说的，就算没有进入催眠状态，正常人也都可以靠着自己的力量，有意识地维持人桥的姿势颇长时间。然后你就会更有信心来操作人桥催眠了。

另外一点，有些催眠师喜欢把人催眠成人桥之后，再令人站上他的肚子，让场景更戏剧化。这时要注意，踩上肚子时，要先站在另外一张高度相等的椅子上。下来的时候，别跳下来，而是踩在椅子上再下来，这样会更安全。

活动

分组设计一场 10 分钟的催眠秀，灵活运用瞬间催眠手法，设计有趣的催眠信号，善用催眠现象来达成娱乐效果。

每一个学员都必须参与，分工合作，推选催眠师、来宾、编剧、道具、灯光、音乐之负责人，制定时间表，按部就班地完成编剧、讨论、彩排。

大圆满之歌

歌词：廖阅鹏
曲调：平安夜

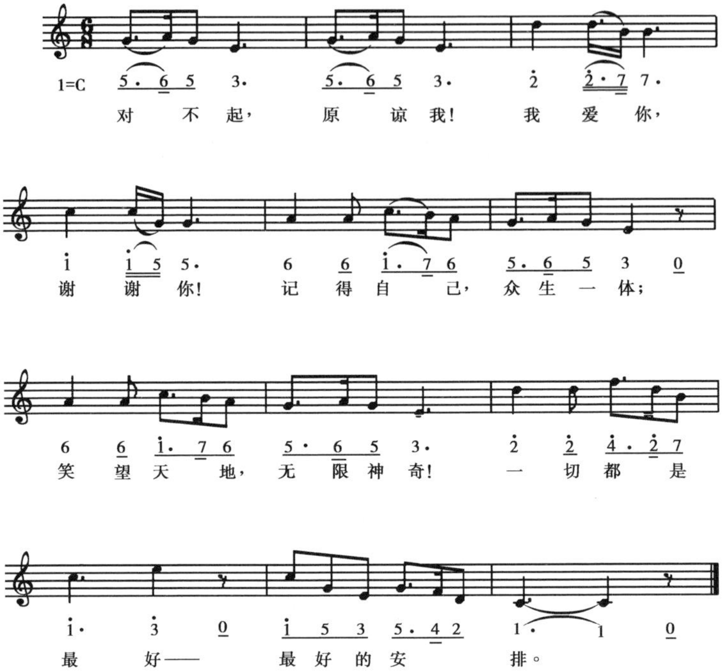

廖阅鹏按：2009年初春，读《零极限》一书，甚感动，爰有灵感，填此歌词，配以“平安夜”曲调。唯愿歌者，能得内在清理之奇效，诸事顺遂，生大欢喜！并将大圆满境界之“一切都是最好的安排”理趣种入心中，俯仰天地，莫不自得！

自我催眠就是这么简单

自我催眠的入门技巧

自我催眠其实是一件很容易的事情，一点都不复杂。

请你把下一段读完后，就闭上眼睛，照着我所说的方法来进行，很快就能够完成这一生中第一次的自我催眠了。

首先，把书本放下来，轻松地站着或坐着，旁边有没有人都无妨，只要别人不会突然来打扰你即可。然后，把眼睛合上，感受一下关闭视觉之后整个人的身体状况。接着，请你做 3 个比较深长的呼吸，通常在 3 个深呼吸之后，你会感到整个人更轻松，也更舒服。再来，这是关键之处，我要请你在心里告诉自己："现在我会慢慢从 1 数到 20，每数一次，我就进入更深的意识状态，整个人会更轻松、更宁静；等到数到 20 的时候，我就会进入很棒的催眠状态，身心都非常舒畅。"说完后，你就以 3~5 秒钟的间隔，慢慢在心里从 1 数到 20。这个过程是很享受的，当你数到 20，就请细细品味安详、宁静、舒适的催眠状态，直到你觉得够了为止，再睁开眼睛，继续往下阅读。

好，我假定你已经做了这个基本的自我催眠练习，你是否感觉整个人更有精神，身心补充了更多的能量？

我到过很多地方演讲催眠，刚刚那是我常常现场教导听众的简易自我催眠法。就是这么简单的技巧，往往能带给听众很多有趣的甚至出人意料的效果。

通常我在教授催眠时，会让学员练习数数法的自我催眠，一开始要求学员从 1 数到 20 就进入催眠状态。

达到这个要求之后，再要求学员从 1 数到 10 就能进入催眠状态。

只要经过几次训练之后，绝大多数学员都能做到。

甚至在课程结束之前，大多数学员可以闭上眼睛之后，慢慢地从 1 数到 3，就身心宁静、放松了。

进入催眠状态是人天生就有的本能！

只要你有意愿，你就能拥有自我催眠的能力。

接下来，还要教你一个技巧，输入催眠指令，这样自我催眠就会更加完整。

当你进入很好的催眠状态之后，接下来，你可以反复自我暗示一句催眠金句："每天，在各方面，我都越来越好！"（Everyday，in everyrespect，I get better and better！）

我建议你至少反复对自己暗示 21 次，暗示完毕后，你就可以睁开眼睛，感觉到整个人神清气爽，容光焕发。

在一天当中，你可以多次进行这样的自我催眠，它前后可能只花 5 分钟而已，所以你随时都可以操作。尤其是睡觉前，更是自我催眠的最佳时机，你就按照这个程序进行，反复暗示 21 次："每天，在各方面，我都越来越好！"之后，再告诉自己："今晚我会睡得非常好，而且会在明天 × 点 × 分自动醒来。醒来以后，整个人活力充沛！"

当你能够这样做的时候，我会认为你自我催眠的功力有 60 分了。

学会自我催眠之后，你可以随心所欲设计自己独特需求的催眠指令，同时，你还可以针对临时状况，自行拟定对治的指令。

例如，生病的时候，可以在吸气的时候将空气化成一道具有治疗功能的光，流至生病的部位，并且暗示自己，我的身体越来越健康！

例如，当你必须上台报告时，却心脏跳动加快，开始怯场，你可以先在心里告诉自己："我会慢慢从 1 数到 20，每数一次，我就更放松，数到 20 的时候，我就会冷静清醒，充满信心，上台报告的时候，我会口齿清晰，说话流畅，顺利完成！"

当你达到这个地步，你的自我催眠功力至少有 80 分了。

进阶技巧：止观双运自我催眠治疗

"止观双运"是佛法术语，从现在的心理学眼光来看，其实是一种步骤完整的内心运作技术，就像激光，射向月球就可以探索月表地形，射向对面的大楼就可以测量出精准的距离。同样地，止观双运用在灵性层面来思考宇宙人生的真理，可以作为灵修开悟的手段；运用在心理层面来观察心理创伤，就可以作为心理治疗的手段。

光，射向哪里，哪里就大放光明。

传统经典对止观双运有许多玄之又玄的描述，在我看来，化繁为简，"止"就是指让内心进入宁静、清醒、专注、警觉的状态，"观"就是清醒地观察、控制内在的心智运作。

止观双运的关键，是在活在当下的清醒状态中进行的。

这完全符合我对催眠的定义："好质量的催眠状态是一种高度清醒的状态，甚至是超级清醒的状态，使人有能力在意识清醒的状态下直接与潜意识沟通。"

所以，质量好的自我催眠治疗，我称之为"止观双运自我催眠治疗"。

每个人都具有止观双运自我催眠治疗的能力，只是一般人有三大毛病：第一，太懒；第二，定力太差；第三，想依赖他人，以至于没办法进行止观双运自我催眠治疗。

克服这三大毛病，人人都有能力自己治疗自己。

根据我的催眠教学经验，只要连续几次练习自我催眠，大多数学员就可以在很短的时间内进入"够用"的"止"的状态，然后有目标、有步骤地进入

“观”的运作过程，就可以去处理自己的问题。因此，我非常肯定地说：“只要经过训练，每个人都可以恢复这种能力。”

一旦拥有了止观双运自我催眠治疗的能力，你就会对自己产生一种坚固的信心，因为，只要你愿意，你就能够自己处理自己的问题。

实际进行时，请参考催眠治疗流程图，进行止观双运自我催眠治疗，彻底解决问题。

实例一：自我催眠克服打针恐惧

那一年，H1N1 全球大流行，校园里还实施了打 H1N1 疫苗。

邻居女孩小娜就读小学五年级，在打疫苗的前一晚，告诉她妈妈，她不想打！

她妈妈告诉我，她怕痛，怕针扎进皮肤的感觉，问我该怎么办。

我说，你就教她“神奇点”自我催眠，今天晚上睡觉前做一次，明天打针前再做一次，程序如下：

身心放松之后，用手抚摩即将打针的部位，一边抚摩，一边在心里说：“明天打针的时候，这个部位是一个神奇点，会有一种神奇的感觉，而且疫苗打进去之后，我的心情会很愉快，因为身体就会有很强的抵抗力，保护了自己，也保护了别人。”

这个自我暗示至少反复说三遍。

等到明天打针之前，再自我催眠一次，把开头的“明天打针的时候”改成“等一下打针的时候”就好了。

她妈妈问我：“为什么是保护了自己，也保护了别人？”

我说：“因为她不会得到流感，是保护了自己；不会传染给别人，就是保护了别人。”

她妈妈说："好，我懂了。"

结果，第二天晚上，她妈妈告诉我，打针的时候，女儿一直在等待一种奇妙的感觉，护士都打完了，小娜还在问："开始打了吗？凉凉的很舒服……"

护士小姐说："你们家的小娜与众不同噢，好多人都泪珠暗噙，只有小娜笑眯眯的，还说一点也不痛……"

妈妈非常开心。

小孩有一颗单纯的心，对语言暗示很敏感，很有接受能力，所以尽早教会小孩自我催眠，对他们这一生会有很大的帮助。

实例二：自我催眠凉爽入眠

1981 年我就读中原大学心理系时，学校规定新生一律住宿舍，宿舍一到晚上 11 点就断电。

夏夜里，气温高，室内闷，宿舍没有电风扇，至于冷气，门儿都没有！由于校园里蚊子多，所以上床时一定要挂上蚊帐。你可以想象，睡在蚊帐里，室内又闷热，这是多么不舒服的情境。

认知心理学告诉我们，冷热的感觉是认知系统诠释出来的，在一定的范围内，我们可以经由微调认知系统来改变感觉。

于是，在情境逼迫下，我决定用从书上学来的自我催眠方法来制造"免电心灵冷气"。

上床后，钻进蚊帐里，全身躺平，逐步放松身体各个部位，在放松的过程中，会感受到浮动的心慢慢安定下来。

对于闷热的感觉，只是感受它，而不去执着它。

等到身体完全放松后，注意力再转移到呼吸上。

把呼吸放慢、拉长，吸气的时候，想象空气好像是一条细长的银线，从鼻子钻进气管，流入肺叶，带来一股清凉的感觉，一点一点渗透到全身的皮肤……

大约10分钟后，我开始感觉到全身清凉，仿佛被一团凉爽得恰到好处的冷气包围着，于是就能舒适地入眠了，还可以好整以暇地半睡半醒，让窗外田里传来的喧嚣蛙鸣陪伴着我进入梦乡。

现在回想起来，当时校园位处市郊，宿舍窗外就是水田，入夜后，水田里无数青蛙竞鸣，此起彼伏的蛙声虫鸣中，自我催眠克服没有冷气的夏日夜晚，可谓环保省电，还真是学生时代温馨美好的回忆，也奠定了我日后成为催眠师的基础。

实例三：自我催眠寻找失物

2007年某天早晨醒后，我为摄影机找一条特殊的数字信号连接线，找了很久，翻遍所有可能的地方，都徒劳无功。

我叹了口气，心想说算了。

然后转念一想，不如进入催眠状态，试着回想看看，最后一次在哪里看见它，或许可以把它找出来。

于是，我立即坐在窗边榻上，闭上眼睛，深呼吸，放松全身……

宁定之后，锁定最后一次画面，开始调取记忆……

然后，我清晰地看见这条信号线的模样。

这才意识到它的接头原来是扁平状的，先前我还以为它是圆形接头。

然后，我继续回想……

竟然一无所获，我完全回想不起它究竟放到哪里去了。

这是很少有的现象，通常只要我进入自我催眠状态，都会想起来的。

我不死心，继续在催眠中寻找它的踪影……

大约过了半个小时，还是一无所获。

我放弃了，心里有点颓丧。

心里想，好吧，放下吧，有时候要承认失败。

于是不假思索地，我就站起来了。

站起来后，我忽然起心动念想去洗手间把手洗干净，然后吃早餐。

然而我心里虽然闪过洗手的念头，也好像要往洗手间走去，整个人却像梦游一样，脚步不知不觉地走向浴室门口的一个边柜，右手半梦半醒地打开刚刚已经找过两次的抽屉，接着，恍恍惚惚地伸出左手去摸索。我心想，这里不可能会有的……然后，我的左手竟然摸到那扁扁的接头，接着，就把整条信号线从一堆杂物里抽出来。

看着左手抽出那条信号线，定格在半空中，我瞬间愣住了！

潜意识真的太厉害了。

我简直不敢相信我的眼睛所看见的事实。

原来，这次自我催眠，潜意识不是以影像来回馈我的意识层面，而是潜意识自动带领我的身体去实地找出来。

以廖氏内在觉知七种催眠深度来说，我无意间竟然进入了第五种催眠深度，启动了自动导航！

内在智能在我的意识层面不知情的状况下，引领我的手找到信号线了。

哈哈，原来我有一双会自动找出东西来的潜意识之手！怎么以前都不知道呢？

人，到底有多少潜能没有展现出来？

嗯，今天，有了一个神奇的开始。

实例四：在飞机上自我催眠治疗重度疲倦

2009年9月6日，我从台北松山机场搭厦门航空MF0890直飞湖南长沙。

时间，这神奇的魔法师，可以让海底隆起变成喜马拉雅山！过去的30年，我从来没有想过有一天能够从台北直飞到长沙来授课！

这班飞机是晚间8点10分起飞的。

起飞时，我坐在座位上，感觉整个人疲倦得像一头在烈日下工作了一整天的牛，眼睛几乎都睁不开了。

这一整天，我忙着整理行李、打印上课资料、装箱，家中还来了两拨亲友，陪他们说话，然后陪儿子玩游戏，再开车上高速公路去机场，停车、Check in、检查行李、过海关、候机……

身体很累，眼睛很酸涩，意识快要陷入昏沉，飞机发出轰隆巨响，邻座高声谈笑着，我想休息，但是那种“身体很累了却又休息不了”的感觉非常强。

就在这时，我警觉到了。

这是一个必须有意识去面对、去调整的身心状态。

如果我不有意识地去面对、去处理，身体会在一种躁动的状态下，睡不着、休息不了，精神萎靡，严重透支身体的元气。

意念一动，我提起正念，做了一个深呼吸，告诉自己：“要来做一次自我催眠了！”

我记得很清楚，当飞机停在直线加速起飞的跑道上，开始加大输出马力，速度越来越快时，我开始自我催眠的第一个指令。

在心里面对自己说：“等一下，我会做20个深呼吸……每一个深呼吸，我的身体都会更加放松，心灵更加宁静……当做完20个深呼吸的时候，我会进入非常棒的催眠状态，我的身体会自动补充能量，我的眼睛会很舒服……”

然后，开始有规律地慢慢深呼吸……

深呼吸，本身就是一件很享受的事情。

每呼吸一次，就在心里默默数数。

大约数到5的时候，飞机已经飞离地面，剧烈的震动瞬间转换成寂静、轻快感。

继续慢慢深呼吸……

原来占据身体的一种躁动感觉慢慢淡化了，一种沉重感慢慢转化了，变得飘飘然了。

继续深呼吸……继续数数……

数到20的时候，飞机还在往上攀升，已经从刚起飞时那种奋力爬升转变成稳定从容地爬升。

这时候，我也进入一种全身舒适、放松的状态。

然后，我开始想象每一次吸气的时候，白色的光，清凉、洁净的白光直接透入我的双眼，吐气的时候，疲倦、酸涩的感受就像一股黑色的气一样排出体外。

这时，虽然可以感觉身体就坐在椅子上，安全带系在我的腰上，却又觉得自己仿佛从身体之外感受到了自己。

这是进入催眠状态的典型感受之一。

我享受着持续的深呼吸、持续的清清凉凉的白光透入眼睛、持续地排出浊气……

意识状态处于一种恍兮惚兮的感觉中，内在有一点清明，整个人被一种浓浓的舒适感包围着。

不知道过了多久，我睁开眼睛，看见窗外的黑色海面上，出现了一座美丽的岛屿，繁复灯光构成了金色丝线，编织成一幅灿烂的美景。

这时候，眼睛清爽，看得舒舒服服，身体也轻快有活力了。

看看时间，也不过二十几分钟吧！

只要开始自我催眠，进入催眠状态，接着，调动起潜意识的力量了，事情就会不一样。

如果我只是单纯地沉沉睡去，休息的效果还是会有的，但不会这么快、这么好。

潜意识这强大无比的巨人，真的是大叩大鸣、小叩小鸣、不叩不鸣啊！

实例五：自我催眠治疗丧弟之痛

1996 年，我最小的弟弟廖悦胜在金门服兵役时，出车祸过世了。

这份伤痛，一直在我心底盘踞着。

我常常自责，为何在小弟生前没有对他更好，为何我们最后一次见面时没有多花一些时间坐下来好好聊聊？

有时候，别人问我有几个兄弟，我说，本来有三个兄弟，现在只剩两个兄弟，便有黯然神伤之感。

时光会让伤痛沉淀在心底深处，然后，人们可以光鲜亮丽地过生活。

2006年，我在台湾乡下的内观道场，参加10天的内观课程，到了第六天时，一次静坐中，这种深沉的伤痛又从心底浮现。

静坐中，感觉更为细腻、敏锐，心里的哀伤与不舍更是海浪般一波一波袭来，真可谓心如刀割。

10年了，我曾经数次自我治疗这丧弟之痛，但显然只获得了局部与短暂的效果。

我决定趁此机会做一次彻底的止观双运自我催眠治疗。

深呼吸一口气，我开始进行调身、调息、调心的准备动作。

调身、调息、调心，是传统禅修的术语，翻译成催眠的语言的话，调身就是“身体放松，从头到脚放松，脊椎骨保持舒服正直的状态”，调息就是“调整你的呼吸，使其稳定、均匀，让你的呼吸细细长长的、绵绵密密的……”调心就是“让你的心宁静、安详、专注、清晰……”

这些都是熟悉的动作了，我迅速进入调身、调息、调心三者都完成的状态。

我的治疗策略很简单，就是把小弟与我的生命交集处从头到尾回顾一遍。

就像有过濒死经验的人报告说，他们在死亡的一瞬间，看见了从出生到死亡的一切经历，仿佛有一部电影快速从头到尾播放了一遍，虽然快速播放了，可每一个细节却又清清楚楚。这样审视自己的一生之后，明白了此生的成败得失为何，得到了启发与教训，然后就可以安然地走向生命的新阶段。

我打开心底的记忆相册，从小弟出生开始，一页一页翻开。

看着小弟一路从小婴儿慢慢长大，变成小学生，随着家庭动荡而跟着搬家、转学……

小弟出生之后，家里开始动荡不安，在他还是小学生的时候，就遭遇到了严重的经济变故，吃了不少苦。

但他的个性开朗、乐观、热心助人，时常带给他身边的人阳光般的能量。

我看见小时候我骑脚踏车载他出去玩，路上他的脚没搁好被轮辐夹伤了，为了怕妈妈责骂，我竟然把他骂了一顿！

于是我在心里对他说："对不起，请原谅我！"

我看见我读中学时，小弟因为想念我，跑到我放学会经过的巷口等候，等了很久却没等到，很失落地回来了。

于是我在心里对他说："对不起，请原谅我！"

我看见我去基隆海边钓鱼，才读小学一年级的他也随着我去，小小个儿的他竟然亲手用甩竿钓起一尾鱼，开心雀跃的模样……

我看见我就读心理系时，暑假带他去学校玩，爬上陈列在户外的旧战斗机，去湖边看野鸭，去撞球室打撞球，跟着我与同学们聚餐，心里浮现甜蜜的感受。

我看见他在金门当兵时，我与家人去探望他，他穿着一身军服的模样，我们一起驾车在金门寻幽访胜。

就这样，一页页的生命史翻开了。

我看着一幕幕的情景，也看着各种情绪从我心中流淌出来。

有时候，我陪着他一起体验；有时候，我向他表达对不起；有时候，我赞美他；有时候，我弥补当时的遗憾……

例如，当我看到最后一次见面那一幕，他来到出版社找我，把车钥匙还我。

就在他出车祸的前一月，他放假回到台湾本岛，向我借了车子，近乎环岛旅行了一趟，见了诸多亲友。

回想起来，仿佛是他的告别之旅。

于是我在静坐中，想象这回我没有立刻让他走，而是邀请他去隔壁的咖啡馆坐下来，两兄弟好好聊天，问问他当兵的各种状况，问问他退伍后想做什么，问问他过去跟女孩子的交往如何，问问他对宇宙人生的真理有什么感悟……

然后，拥抱他，跟他说再见。

就这样，我把小弟悦胜在我心中留下的电影看完了，完完整整地看完了。

大约历时 40 分钟，整个过程结束时，一种充实饱满的感觉洋溢我心。

我了无遗憾，我知道小弟悦胜已经交出了这张生命的成绩单，完成了他的功课。

他已经奔赴灵魂的新天地了。

从那一天自我催眠治疗结束后，至今 10 年多了，每当我想到小弟悦胜时，我心中油然生起的是喜悦之情，不再自责、不再痛苦。

每个人都有他要去完成的人生使命，弟弟已经完成了，我也要完成我的。

总有一天，在一个美好的地方，我会与弟弟再度相逢。

每天用一点神奇的催眠术

催眠催眠，催你入眠

在所有的问题中，失眠可以说是最容易用催眠来治疗的，而且立刻可以获得成效。现在介绍一个最常用的自我催眠技巧。

首先用催眠引导技巧如渐进式放松法，让自己进入催眠状态。

渐进式放松法用在安眠上，可以说是最好用的技巧。

然后在内心暗示自己：

我现在要睡觉了，我会睡得很好，睡得很熟，明天 × 点起床时，整个人精神抖擞，充满活力。

现在，我会慢慢从 1 数到 20，每数一个数字，我就越来越进入睡眠状态，等数到 20，我就会自然而然地睡着了。

接着就慢慢从 1 数到 20，以我自己来说，通常还没到 20，就睡着了。

另外一种常用的入眠技巧，则是活用下楼梯法。

可以在进入催眠状态后，这样暗示自己：

我现在要睡觉了，我会睡得很好，睡得很熟，明天 × 点起床时，整个人精神抖擞，充满活力。

现在，我会慢慢从楼梯走下，每走一级阶梯，我就更接近睡眠状态，等到我走到第二十级阶梯时，我就会自然而然睡着了。

接着就在内心想象自己慢慢走下楼梯，每走下一级，就感觉自己更放松，意识更恍惚，这样一来，很快就会睡着了。

这个过程，也可以通过聆听安眠的催眠引导来进行，效果很显著。

值得注意的是，如果睡不着是因为心事缠绕，那么，可以寻求催眠师的协助，把内在的心结化解掉，就容易睡得好了。

催眠减肥，治标更治本

无论个案以什么名义来寻求帮助，找出个案的真正问题，探索问题的真相，制定治疗策略，是颠扑不破的根本原则。

当个案告诉你，他想减肥，所以来寻求催眠师的帮助。

你务必在会谈时多方了解，确定他真的需要减肥吗，他的肥胖原因是什么，他真的有决心要减肥吗。

有些人根本体重正常，是审美观出问题了。

有些人已经很瘦了，但是他还要更瘦。

有些人因为遗传基因的关系，天生就比较丰腴。

有些人缺乏自信，却怪罪到胖上，而不试图充实自己的内在。

有些人因为小时候受过性侵害，以至于在潜意识驱使下变胖变丑，降低性吸引力，来保护自己。

有些人小时候受人欺负，就潜意识驱使自己变胖变重，看起来吨位变大了，就比较不会受到欺负。

有些人把致胖因子与某种情感状态联结在一起，例如母亲总是下厨端出丰盛佳肴，母亲过世后，个案就借由享受美食来追忆母子相处的美好时光。

有些人不懂得情绪调适之道，一有不舒服的情绪，就吃吃吃，来缓冲、来逃避，久而久之就越吃越肥。

绝大多数的减肥个案，都不是靠催眠指令可以解决的，而是需要找出心理因素，甚至灵性因素，才能根本处理。

部分催眠师将嫌恶指令植入个案潜意识里，例如“吃到蛋糕感觉很恶心想吐”之类的，是落伍又低俗的做法，完全不可取。

催眠戒烟，帮你戒掉最后一支烟

就像减肥一样，戒烟也不是单纯靠指令就能达成的。个别催眠师试图植入“香烟很臭”这一类嫌恶指令，也是不足取的落伍手法。

重申一次：在没有找到问题真相之前，任何治疗都是浪费力气。

寻找抽烟行为的背后成因。

随着反烟势力日趋壮大，抽烟者的活动空间越来越小了。

是什么原因让瘾君子在明知抽烟者的形象越来越不堪的潮流中，仍然不肯放弃？显然抽烟这一行为有背后的“隐藏利益”，催眠师要将它找出来，保证不抽烟也能获得此利益，甚至更好的利益，才能让瘾君子甘愿放下。

为什么抽烟？除了意识层面看得见的理由，还有什么原因隐藏于潜意识中？

如果抽烟是为了获得同侪的认同，例如读中学的时候；

如果抽烟是为了认同也抽烟的父亲；

如果抽烟是因为电视广告里的酷酷的牛仔形象；

如果抽烟是因为“阳具焦虑”；

如果抽烟是因为学习得来的读书、思考的仪式；

如果抽烟是某种形象的象征，例如反叛，例如特立独行，例如“我长大了”；

如果抽烟是潜意识的自毁行动；

如果抽烟成为机械化的行为模式了；

……

总之，抽烟的背后原因，有无数种可能性。

所以，找出形成烟瘾的真正原因，再制定治疗策略。

还有，个案为什么想戒烟？搞清楚想戒烟的真正原因，往往就离戒烟成功不远了。

帮助个案找到更好的行为模式，取代抽烟这种损益失衡的行为，获得他真正想要的。

不抽烟，将会成为未来更有魅力的形象。

戒烟成功，成为令他骄傲的新自我形象。

有时候，个案已经想戒烟很久了，他只需要催眠师告诉他："就从现在开始！"

有时候，催眠师诱导、深化后，谦卑地对个案说："我要请你潜意识做的事情，就是为你自己找到最有创意的戒烟方法……"

催眠戒烟，没有标准公式。但是你的治疗手法会越来越丰富……不要相信一套"戒烟催眠脚本"可以发挥神奇效果！最好，每次帮人催眠治疗时，都是独一无二的演出。

别怀疑，催眠也是抗癌健将

在抗癌的方法中，催眠肯定是绝佳的辅助治疗手段。

根据目前实际临床应用，催眠的抗癌用途计有：

1. 探索癌症的心理、灵性因素。

2. 减少病人的压力与焦虑。

3. 运用想象治愈。

4. 减轻身体痛苦。

5. 减少化学治疗、放射治疗的副作用。

6. 提升免疫力。

7. 加速身体复原。

曾经有一位女士安娜，医生说她只剩下三个月的寿命。她的颈后长了一个恶性瘤，以至于上半身被压成驼背，头也歪到一边，右手臂萎缩麻痹，形同废人了，医师只好劝她回去料理后事。

这时，安娜遇到了美国梅宁哲基金会“生理回馈与心理生理研究中心”的主任诺丽丝，诺丽丝劝她不要放弃，除了继续接受正规的治疗之外，不妨尝试“心像疗法”。

这个方法很简单，就是在心里把肿瘤想象成一条攀附在颈后的毒龙，而她体内的白细胞则是屠龙的武士，不停以利剑攻击毒龙。

一年之后，诺丽丝再见到安娜，发现她的肿瘤已经萎缩，右手可以活动自如。

又过了一段时间，颈后的肿瘤完全消失了。

类似这样的案例每年都在发生。

我制作的抗癌催眠 CD 之中，有一张是“神气白衣武士观想”，以下是里面的引导词，持之以恒地练习，很有可能会发挥惊喜的功效。

诱导、深化之后，暗示个案：

请你发挥想象力，想象穿着白衣的武士在你的身体每一个地方巡视，遇到对你不利的细菌、病毒、肿瘤细胞，就立刻消灭掉。

想象此时此刻，成千上万的白衣武士忠心耿耿地巡视全身每一个组织、器官，每一条血管、神经……

所有的细菌、病毒、肿瘤细胞就像一颗颗小黑点，都开始害怕、逃跑……白衣武士仍然尽忠职守地追捕、猎杀，一个也不放过。

请你想象全身都有许许多多闪闪发光的白衣武士，到处追杀逃窜的黑色小点……

想象你体内所有内分泌的腺体也全部各就各位，分泌出对你最有帮助的荷尔蒙以及各种奇妙的化学物质，使你的身体各个部位都运作得越来越顺畅。

保持深呼吸，每一次的呼吸都会使白衣武士补充源源不绝的能量，活力充沛……

简单催眠练习，释放压力

现在我们来做一个非常有效的解除压力的自我催眠。

无论是坐着还是躺着都可以，调整好你的身体姿势，全身放松，脊背保持正直。

然后，在心里对自己说："现在，我会慢慢从 1 数到 20，每隔 5 秒钟数一次，每数一个数字，我的身体就更放松、心里就更宁静，等我数到 20 的时候，我会进入非常好的催眠状态。"

说完后，开始很有规律地数数，保持心灵的灵敏、警觉，每个数字都清晰地数，仿佛每数一个数字，就沉浸于更深的意识状态。

数到 20 之后，你就处于中度催眠状态了。

也许你会担心说，有这么容易吗，从 1 数到 20 自己就会进入中度催眠状态？

放心吧！我有太多教学经验，实务证明许多人，而且是普通人，都能够在短短几次的练习后学会。

进入中度催眠状态后，开始使用这个技巧来释放压力。

首先，在吸气的时候，握紧双手的拳头，随着吸气越吸越饱时，拳头也越握越紧，等到吸气到饱和点时，拳头也握紧到顶点，这时，停顿一下，然后从嘴巴非常畅快地大口把气喷出去，同步松开拳头，配合内心想象那些紧张、压力一起吐出去，请你享受那种把气喷出去、把压力吐出去的释放感觉！

大约连续做 7 次以后，就会非常明确地感觉到内心的紧张、压力大幅减轻，你可以继续反复做，直到你觉得心情轻松为止。到了这时候，你就可以恢复自然呼吸，享受当下宁静安详的滋味。

有些人在观想吐出紧张、压力时，如果把它想象成将身心里的一股黑气吐出去，会觉得更容易掌握这种感觉，这也是很值得推荐的心法。

催眠让你享受静心时光

静心，英文是 Meditation，这个词又翻译成静坐、禅定、冥想。

静心有很多种，它的本质，就是通过种种方法进入改变意识状态，心思澄静之后，再去达成各种不同的目的，例如专一、无念、持咒、观想、诵经、祈祷、与神对话等。

静心与催眠的本质是相同的，其进入 ASC 是一致的，只是通往的目的稍有差异，在方法、技巧上几乎是相通的。

如果我们取其字面上的意思，静心是要让这颗心安静下来，以下我提供一个常用的、有效的催眠静心的方法。

首先，调整身体。

让身体舒服地或坐或躺，然后运用渐进式放松法，从头到脚，放松身体的每一个部位。

其次，持续深呼吸。

运用数数法，结合深呼吸。

暗示自己："接下来，我会连续做 20 个深呼吸，每一次呼气时，我会数一个数字，当我数到 20 的时候，我就会进入内心安静的状态。"

这是一个效果宏大的方法，虽然它很简单，但只要你多操作几次，就会发现它的实用价值。

再来，加深宁静状态。

运用数数法，暗示自己："接下来，我会从 1 数到 10，数到 10 的时候，我会进入内心更加安静两倍的状态。"

最后，如何维持这种宁静状态呢？

建议你把注意力放在觉察呼吸上就好。

只要能做到，吸气的时候，知道自己在吸气，吐气的时候，知道自己在吐气，这样就好了。

通常，你完成了这个步骤，就可以轻松地享受一段宁静时光了。

如果你在自我催眠时，还能播放大自然音效，或者适合冥想的音乐，会得到更理想的效果。

催眠为你解除焦虑

凡事必有原因，这世界上没有无因之果。

如果你感觉到焦虑了，那么，一定也有引起焦虑的原因。

催眠是很好的解除焦虑的帮手，可以从两个方向发挥作用：

第一个，如果你不知道焦虑的原因是什么，那么，催眠可以帮助你去找到源头。

第二个，如果你已经知道焦虑的原因是什么，催眠可以帮助你去寻找解决之道。

就以找到焦虑的源头来说，我自己就有一个亲身体验。

1995 年的某一天下午，我在家中读书写作时，忽然感觉到一种莫名的焦虑，它从一点点小火苗，渐渐扩大，然后变得令我心神不宁，读书读得心不在焉。

等警觉到了，我开始思考，这焦虑来自哪里？

可是想了半天，想不出来。

于是我开始自我催眠，等进入催眠状态后，向内在询问："这是怎么回事？这种焦虑的感觉从何而来？"

我反复在心里问自己，脑海里也像跑马灯一样闪过很多念头，但是都没有明确意义的……我看着一个接一个的念头像湍急的流水不断流过……良久……良久……忽然间，仿佛黑暗中打雷闪电了，一个意念照耀天地！

那时候我正在写《禅门语录三百篇》这本书。

那天早上我写了两篇禅门语录的解析，写完之后，原本打算写第三篇，却觉得头脑有点弹性疲乏了，就做别的事情去了。

吃过午饭，睡了一场午觉，读了一些书，经过一场莫名焦虑的折腾，我忽然发现，早上写的第二篇解析好像有点问题，我连忙找出手稿来看。

那时候，我还是很传统地手执钢笔写稿的。

一看之下，果然张冠李戴，打从一开始我就把一位禅师的法号给抄错了。

内容是没有问题，但是这段话是另外一位禅师说的。

真是天大的错误，而且是很难发觉的错误。

像这种出处冷僻的一段禅语，除非比对原始数据，否则可能我一辈子也不会发现。

虽然只是更改了四个字，但我非常感激潜意识的提醒。

莫名的焦虑原来是善意的提醒啊！

自我催眠，走出抑郁

在临床治疗时，我常常发现许多人因为沮丧、消沉、情绪低落，而去求助于精神科医师，可是医师并没有足够的时间好好晤谈，就简单地开抗抑郁剂要他回去服用。结果是，服了好长一段时间药，吃药吃得精神恍惚，抑郁的症状也没有改善。结果等到这样的患者最后觉悟到“心病还须心药医”的时候，再来寻求心理治疗，往往已经错过了治疗的第一时机。甚至有些患者还对这类药品产生“心理成瘾性”，使得问题更加复杂化。

如果你有上述的抑郁症状，除了求助专业人员之外，我推荐你也可以运用下面的自我催眠技巧来释放负面情绪。

无论是坐着还是躺着都可以，调整好你的身体姿势，全身放松，脊背保持正直。

然后，在心里对自己说：“现在，我会慢慢做 10 个深呼吸，每一次的深呼吸都会让我的身体更放松、心里更宁静，10 个深呼吸后，我会进入非常好的催眠状态。”

10 个深呼吸后，你进入中度催眠状态了，然后开始使用这个先前提过的拳头放松技巧来释放负面情绪。

首先，在吸气的时候，握紧双手的拳头，随着吸气越吸越饱时，拳头也越握越紧，等到吸气到饱和点时，拳头也握紧到顶点，这时，停顿一下，然后从嘴巴大口把气喷出去，在发出“呼”的声音时同步松开拳头，配合内心想象所有的负面情绪（或是一股黑气）一起吐出去，痛快地排出体外。请你享受那种把气喷出去、把抑郁吐光的释放感觉！

这种吐气法我要请你连续做 21 次，你就会非常明确地感觉到负面情绪大幅减轻。如果你愿意，可以继续反复做，直到你觉得心情完全轻松为止。

然后，把注意力转移到吸气上。

刚刚在释放负面情绪时，着重在吐气，现在要吸入宇宙中美好的能量，所以着重在吸气。

我要请你在吸气的时候，想象不但从鼻子吸进空气中新鲜的氧气，也要想象吸进一种无形的宇宙能量，化成粉红色柔和的光，一直吸到你的心轮的位置。

换句话说，想象你吸进来的空气化成粉红光，沿着气管进入肺脏，而且集中在心轮的位置。

每一次的吸气，都让你的心轮累积更多的粉红光，你就感觉到更美好、愉悦、轻盈，直到累积到某个临界点，你可以感觉到心轮中的粉红光化成一朵绽放的莲花，有着美丽的粉红色花瓣。

这时候，尽情沐浴在粉红色的心境中，直到你心满意足为止。

粉红色的光，具有疗愈心轮的力量，特别适合这种状况。

接受催眠指引，自信与自我肯定

自我催眠之后，输入下面的正面指令。

这些指令，你可以挑选其中适合你的来用，不适合的就不必了。

除了白天可以随时随地自我催眠来输入指令之外，你也可以利用睡前的将睡未睡之际，将每个指令至少输入 21 次。

从今天起我的潜意识里的负面信念都不会发生作用了，我乐观、自信，有能力解决任何问题，我能控制自己的情绪，永远保持清醒的状态来面对各种事情。

我有信心面对所有的事情。

发生在我身上的所有事情都有深刻的意义，不论是好的还是不好的事情，都会帮助我更深刻地体验人生，使我更有智慧。

只要我想做的事情，我一定可以完成。

我爱我自己，我要让自己的身体与心理都非常健康。

我喜欢我自己，我要让美好的事情发生在我身上。

我的直觉越来越敏锐，我能一眼就看清楚事情的真相。

我有良好的表达、沟通能力。

我的感觉敏锐，我的心思细腻，我有优秀的观察力。

我每天都不断地学习，每天都有新的收获、新的成长。

我尊重我自己，别人也尊重我。

我喜欢我自己，别人也喜欢我。

因为我一天比一天更好，我已经具有值得别人信服、信赖的能力，我做任何事情都会无往不利。

我有坚强的心灵，也有敏锐的感觉，没有任何事情会使我悲观、沮丧。

我能够掌握我的人生，我拥有幸福、成功的人生。

我有强大的意志力，只要我设定一个目标，我就会全力以赴来实现我的目标。

我可以随时让自己处于非常放松、舒服的状态。

美好的事情总是发生在我身上，我感激每一个人、每一件事情。

最后，虽然我以这样的正面指令所制作的“自信与自我肯定”催眠引导帮助了很多人，这里还是要叮咛读者：除了输入催眠指令之外，请勇敢地在真实生活中去学习、去磨炼，去开发自己未显的天赋与才能。并且，如果心理层面有未清理的创伤，请寻求心理治疗，这样输入正面指令才会得到最佳效果，诚如阿拉伯谚语所说：向阿拉祈祷“请保佑我的骆驼不要走失”之前，请先把骆驼系好！

催眠提高记忆与学习效率

当你熟悉自我催眠之后，请你输入下面的正面指令。

这些指令，同样请你挑选适合你的来用，不适合的就不用。

除了白天可以随时随地自我催眠来输入指令之外，你也可以利用睡前的将睡未睡之际，将每个指令至少输入 21 次。

从今天起，所有潜意识里自我否定的负面信念都不会发生作用了，现在的我，理解力越来越好，记忆力越来越好，只要我想学习的事情，我都能以最好的效率完成，任何考试或竞赛，我都有信心面对。

我有良好的记忆力，只要我想记住的数据我都能清晰记住，并且随时可以想得起来。

我有良好的理解、统合能力，当我在阅读的时候，我能够全神贯注，充分吸收内容。

当我在吸收资料时，我都能迅速捕捉重点，掌握精华。

当我考试的时候，我的心情特别宁静、安详，我会仔细阅读考卷的内容，写完答案后，我会谨慎地检查，所以我能够完全发挥我的实力，获得最好的成绩。

当我读书的时候，我会保持头脑清醒，每隔一段时间，我会暂停一下，给自己按摩一下，做个深呼吸，身体动一动，把身体与心理都调整到很好的状况，然后继续读书。

读书的时候，每读完一个段落，我会思索这个段落的内容到底在说些什么，直到我明白之后，才继续往下读。所以，只要是我读过的内容，我都会记得，因为我都懂了。

遇到内容复杂的科目，我会很有耐性地循序渐进，一步一步研读、思考，直到学习完所有内容。

如果遇到我自己不懂的问题，我除了会继续研读、思考之外，也会找人请问、讨论，直到把问题解决为止。

任何时候，当我察觉到头脑不够清晰，心思不能集中，我会立刻深呼吸，透过缓慢而深长的深呼吸，很快就让整个人进入更好的状况。

无论是读书还是学习，我都会制定明确、具体的目标。

我的记忆力、理解力、思考力、创造力都一天比一天更好。

穿越人流心理创伤

最近一位女学员告诉我，她请道士做了一场超度婴灵的法事。

我问她，感觉如何？

她说宁可信其有，感觉心里舒服多了。

这就是宗教仪式的正面意义，例如点光明灯、安太岁、拜忏、祭改，姑且不论是否有其实质作用，它能够在心理层面让人们觉得“做了一些事情”，而感觉舒服多了。

这个世间，黄金与杂质常常并存。

要获得纯金，需要付出努力，甚至是极大努力，才能去芜存菁，纯之又纯。

很有可能，为了获得一分黄金，你必须吞掉九九九九分的杂质。

以婴灵超度来说，我认为完全可以有更好的方式，来让有过人流经验的妇女释放愧疚感、罪恶感，获得心灵的提升，展开更好的人生。

从灵魂的角度来看，没有婴灵这样的存在。

婴灵只是人们的心理作用投射出来的概念式的存在。

有发育中的胎儿，但是没有婴儿般的需要发育的灵魂。

真正需要对治的是，心中的愧疚感、罪恶感、自私感。

从社会现象来考察，婴灵超度这种宗教仪式，或者说，商业模式，也不过才兴起20年左右，20年以前，甚至连这个词都没有。

就我私人观点看，我认为婴灵超度实乃邪说谬见，应该大力批判！

然而部分妇女有此心理需求，又有一群从中获利者持续鼓吹，能够看见、接纳真理者总是少数，所以我估计，这股歪风还会吹很长时间。

其实，真正的问题不在虚无的婴灵，而存在于有这种需求的妇女心中。

在我临床催眠经验里，有过多次成功案例，只要按照下列步骤来进行，就可以穿越人流心理创伤。

第一，引导个案进入催眠状态，与内在觉性联结，保持双向觉知。

第二，引导她看见真相。在理智层面，看清必须做人流的原因是什么。

很多时候，人们有很多不得已，不得不如此无奈，这时候有个很好的方式，是引导她超越自我的角度，从更高、更大的观点来看待。

第三，引导她释放情绪。在情感层面，释放因为人流而产生的负面情绪。

第四，引导她在催眠中，想象没有获得成长、出生机会的小生命，以发光的小天使的形象，出现在脑海前方。

让她充分对小天使倾诉她的心声，表达她的歉意。

视情况，引导双方对话。

通常，小天使都会安慰她：完全不用担心，等待以后出生的机缘成熟时，我将再来！

第五，引导她与小天使拥抱、携手散步，然后告别。

第六，完成上述步骤之后，询问她：从这次人流经验里，获得了什么样的启示？学习到了什么？

如此一来，就能真正帮助这些女性，告别伤痛，获得新生了。

这样做，更符合真理。

不需要超度虚构的婴灵，而是化解心中的愧疚。

观照你的悲伤

当你悲伤时，感受这份悲伤，不要转移注意力。

闭上眼睛，觉察你的呼吸、你的身体。容许悲伤存在。

不急着改变它，不急着跳到另一种情绪，也不急着逃避它。

容许你的呼吸慢慢调整成轻松悠长的状态，也容许你的身体放松舒适，无论是想站着、躺着还是坐着都行。

继续感受着你的悲伤，停止给自己贴标签。

你不是受害者，不是倒霉者，不是可怜人，你只是在经历一件事情，体验一份经历，这个历程结束后，你会完成一个功课，得到一份礼物。

也不急着谴责任何人，包含自己，也包含别人。

每个人都有无知、无明、昏睡的时候。

大部分的人，大部分的时候，都不是处在他们最好的状态。

看见这份身不由己，这份无奈，包含自己，也包含别人。

同时，觉察你能觉察这份悲伤。

在这悲伤更深之处，你有一种觉察的能力。

这觉察的能力，使你能像最优秀的冲浪者，驾驭一波波悲伤的海浪。

不要被悲伤卷入，而是骑在悲伤的浪头上，随它前进。

看着你的悲伤，犹如天空看云，大海看浪。

悲伤是一股能量，当你被它卷入时，你的自我会误用这股能量，加深自己不幸的自我形象。

你只是看着它，犹如旁观与自己无关的一片云。

云来来去去，云聚聚散散。

当你不执着于云，你会发现，这聚散的过程非常美丽。

你的悲伤是一股能量，当你持续看着它而不逃避、不跌入想象里，它会变成纯粹的能量、喜悦的能量。

持续看着你的悲伤，这个观照，这个觉知，是一股神奇的能量，具有提纯的功效。

就像物质可以还原为能量，悲伤也可以还原成纯净的能量。

继续看着你的悲伤，悲伤其实不是悲伤，它只是你心海上掀起的浪花，悲伤的底层，是你包容一切的心。

一切都是你的心变幻的，穿越悲伤的表象，认出你的心。

心的本质，是纯粹的觉知、纯粹的喜悦。

当你持续观照你的悲伤，累积够久的时间之后，悲伤会提纯而成为宁静与喜悦。

当悲伤释放完了，转化好了，内蕴的宁静与喜悦会自然浮现。

当你观照够深之时，真相也会从你心中自然浮现。

喜悦令人感受生命的美妙。

真相令人自由。

别浪费了你的苦难，当你悲伤时，这是一次大好机会，你将有机会品尝从觉知到开悟的滋味。

只要以坚定不移的觉知，观照你的悲伤，持续观照，不逃避，不转移，不批判自己，你将会发现悲伤带给你的珍贵的礼物。

催眠强化记忆力

之一

记忆力训练可以独立成一门学问，坊间教授提高记忆的课程如雨后春笋般出现。我的催眠学员中，本身就是记忆力训练师的也不少。

学完催眠之后，他们会惊喜地发现，原来记忆力训练的本质也是催眠啊！

他们以前在教记忆力课程的时候，已经无意之中运用到催眠了。只是当时他们不懂催眠，所以，只知其然，不知其所以然。学过催眠之后，他们的记忆力训练就能够以更精准、更有效的方式来进行了。

事实上，催眠是万法归宗的心法，就像酒精之于酒，能量之于物质，凡是心灵应用技法，它的本质必然会与催眠交集，如果没有交集，就表示这项技法太肤浅了。

如果能领悟催眠与记忆的关系，你自然知道如何强化记忆力了。

以下先说明提高记忆力的总纲。

第一，一个人是否觉知、敏锐地活在此时此刻，非常重要！

一个不觉知的人，一定是浑浑噩噩过日子，他的记忆力就必然差。

觉知，就是你能专注于眼前之境，知道正在发生什么事，所以你能在事后回想起发生过的事情。如果常常活在想象里，常常分心走神，他的记忆就会变得糊成一团了。

再比方说，一个人如果常常一边看手机一边吃饭，或一边看手机一边走路，那么，即使吃的是山珍海味，他也一定食不知味；即使置身于世界级风景区，也会对风景完全没记忆。

所以我带领的觉知修炼小组的第一条觉知练习就是：走路绝不看手机、滑手机。

职是之故，想要提高记忆力，第一要务就是，努力锻炼保持觉知、活在当下的能力。你可以回想一下，现在留在你脑海里的鲜明的记忆，一定是那个当下你处于觉知状态！否则，记忆都是黯淡的、褪色的、面目模糊的。

第二，记忆力与你当下的身心状态有关。

身心状态好，记忆力就好；身心状态不好，记忆力就差。

一个人处于昏沉、疲倦、酒醉、想睡觉、喝药、心有旁骛的状态，请问，他的记忆力会好吗？

熬夜读书，效果会好吗？

别的不说，对于参加记忆大赛的选手而言，一晚的睡眠不足就足以把一整年的努力准备破坏殆尽。

参加记忆大赛的选手，称呼自己是脑力运动员（Mental Athlete，简称MA）。观察MA在比赛前的生活作息注意事项，就会非常清楚身心状况与记忆力的关系。所以，保持良好的身心状态，正是提高记忆力的基础！延伸而来的，就是当你特别需要发挥记忆力的时候，就要先把自己的状态调整好。

记忆，就是止观双运！本书中讲到有关止观双运的注意事项，同样可以应用在提高记忆力上。

止观双运的操作型定义，就是要观（心灵的内在运作，如思维、记忆）

之前，先培养好的止（内心宁静、清醒，有精神），有了好的止之后，就能进行高效能的观。

同样，身心状况好，记忆力自然好。

第三，强化你的正面信念。

要打从心底相信：我的记忆力很好。

不要灌输自己：哎呀，我的记忆力变差了！

这种负面信念灌输久了，你就会真的把自己搞成记忆衰退的可怜虫。如果你目前已经有这种口头禅了，赶紧警觉，停止输入这种负面暗示，并且有意识地输入正面指令来抹除过去的负面指令。你可以在睡前给自己输入指令 21 次：“我的记忆力越来越好！我想记忆什么，就能顺利记住。”

很快，这个指令就会在潜意识自动运作，帮助你的记忆力越来越好。

以上讲的三个重点，你都能做到的话，即使你没有学过任何记忆技巧，你的记忆能力也会大幅提高。

之二

接下来，我们来介绍几个简单有效的帮助你提高记忆力的修炼方法与诀窍。

第一个修炼：每天晚上睡觉前，在内心回想一下今天的经历。

这个回忆一天细节的修炼，只要你认真坚持连续一个月，每天睡前都做一次，保证你会发现记忆力大增！

每晚准备睡觉前，或静坐，或静躺，但要确保自己在接下来的时间内保持清醒，不要真的睡着了。

保持觉知，放松，深呼吸，感觉你的身体，感觉此时此刻的身心状态。

通常，睡前这样稍微观照一下，你就会自然进入催眠状态，觉得有一种好像飘浮起来，或者身体变得轻盈，或者全身浑然一体的感觉。

这时，就可以快速浏览一下，今天一整天发生了哪些重要的事情，列出一个回忆清单。

然后，就从回忆清单里的最后一条开始回忆具体的细节。

回忆发生了什么事，你在做什么，你的感觉……你的想法……

如果与其他人有关，看看他们的表情，感受他们的情绪，他们说了哪些话……

回忆完毕一个事件之后，假设你一整天的活动就像是一部电影，现在倒回到下一段重要剧情。

你是观众，是播放师，也是电影本身。

每一段重要剧情，你都可以以观众视角来看，也可以以演员的主观视角来看，也可以像神一样从上空俯瞰。

看完一段重要剧情，再倒回到更前面的一段重要剧情。

很可能你会发现一些当时疏忽的细节，很可能你忽然有了一些好点子，很可能你原本不知道如何解决的问题浮现答案了。这都是在回忆一天细节时会获得的额外好处。

等到你把回忆清单都完成了，就可以入睡。如果，你这样回忆到了 10 至 15 分钟，感觉到困倦了，想睡觉了，这时可以见好就收，让自己自然入睡，不用刻意非把一整天每一段细节都回忆完毕再睡。

这个每天睡前回忆修炼，可以帮助你锻炼回忆的大脑肌肉，如果你修炼有成，即使要打开低层潜意识的记忆库，调取深层记忆乃至前世记忆，都变得容易多了。

如果你在回忆一天细节时，发现自己有压抑、难过、悲伤、愤怒、自我贬抑等负面情绪，你也可以趁机释放负面情绪，排放毒素，别让负面情绪陪你过夜。

负面情绪当天就释放掉，对你的身心健康有好处。

具体做法有两种：

其一，感受那些负面情绪，一边回想，一边深呼吸，趁着深深地吐气时，想象负面情绪随着你的吐气就排出去了。

做法很简单，效果很宏大。

其二，观照你的负面情绪，同时转动眼球，首先顺时针转动三圈，再逆时针转动多圈，直到负面情绪消失无影了。

看看负面情绪的严重程度，轻一点的，可能逆时针转动五六圈就化解了。严重一些的，可能逆时针转动 108 圈也就能释放掉。

这个转眼球释放情绪法，做法简单，却常常能获得神奇的效果。

睡前，是一个奇妙的时机，那是日夜交替之际，是心灵系统准备关机重整的时刻，我们会自然进入改变意识状态，是给予潜意识指令的好机会，是修炼的好契机。

写到这里，我来开个小玩笑。

我相信孔子的弟子曾子一定拥有非常好的记忆力。

因为曾子说过："吾日三省吾身：为人谋而不忠乎？与朋友交而不信乎？传不习乎？"

一个能每天在睡前这样反省的人，必然会回忆许多今天发生的事情，久而久之，他的大脑记忆肌肉一定非常发达！

第二个修炼：以觉知之心面对你要记忆的内容，找出内在逻辑，创造有意义的联结，提炼出暗藏其中的趣味。

什么样的信息我们容易记得？

以文字来说，谐音、押韵、重复、有意义的、看出逻辑结构的、动态的、容易想象画面的、有旋律的，我们就容易记忆。

凡事找到规律与方法，就容易成功。

保持觉知之心，敏锐而清醒地观察事物，你的记忆力自然提高。

最近我看到一个统计数据，90% 的香港人认为自己记性差、很差或普通，只有不足 10% 的人自觉记性好，其中 68% 的人希望改善记忆力。

根据都柏林圣三一学院 2007 年的调查，30 岁以下的年轻人，有 1/3 记不住家里的电话号码，要打开手机查看才知道。

这是比较久以前的统计，现在随着智能手机普及，许多人连自己的手机号码都懒得记住。

我私下问过，记不住自己的身份证号码的人其实也不少。至于把常用信用卡号码背起来的人，更是凤毛麟角。

这些记不起来的现象，一言以蔽之，就是没有以觉知之心来面对这些号码。

举例来说，有一段时间我家的电话号码是 26909281，只要稍微观察一下，就会发现这是一个完全不必刻意记忆就会记得很清楚的电话号码。2690 是当地的区域码，9281 则是 9 的平方等于 81。理解了这组号码的内在逻辑，就会记忆深刻。就算一时没有想起来，稍微推理一下，就能导出这组号码。

第三个修炼：在心中把要做的一件事情从头到尾想一遍，模拟各种细节，想一下遇到难题时要如何解决，最后完成时的光景。

这是一种止观双运的实际锻炼。

举例来说，如果你要办一次生日 Party，那么，你就安安静静坐下来，深呼吸，放松，进入状态后，开始观想：邀请哪些人、如何邀请、场地布置方式、节目流程、请谁来帮忙、如何分工作……在心里面把这一切都执行一遍。

历史上，20 世纪著名的电学天才尼古拉 · 特斯拉（Nikola Tesla）就具备了这种能力，可以在脑海里进行想象实验，模拟成功之后，就可以着手去做成现实世界里的成品。

他在自传《特斯拉回忆录》里说：

“我完全不需要任何模型、图纸或者实验，就可以在脑海中把所有细节完美地描绘出来。

“当我有设计思路时，就会立刻用想象把它勾勒出来。我在脑海中修改框架，不断完善，并进行试验操作。

“不管是在头脑中运行自己的涡轮机，还是在工作室进行测试，对于我来说，完全都是想象行为。我甚至可以想象到涡轮机出现故障的细节。无论如何，我的想象和实际情况都没有差别，想象和实际的结果是一样的。利用这种设计方法，我不必接触任何事物，就能快速实施和完善设想。

“当我将所能想到的所有合理改进都体现在设计中，直到再也找不出缺点时，我才会把脑海中的成品具体制作出来。无一例外，我设计的装置实际运行情况与我的想象完全一致，试验结果也正好符合我的设计计划，20 年里无一例外。”

这种能力完全可以经由锻炼而来，你可以通过自我催眠，进入状态之后，设定主题，坚定不移地在心中把这个主题从头到尾展开，像绘画创作一样，每一个细节都是思路清楚的。

如果你是一个喜欢打乒乓球的人，你可以在心中想象打球时你的每一个动作的细节。就拿发球来说，想象你发球时身体如何站位，如何抛球，抛球时的挥拍方式，拍面如何碰触球，碰触到球的一瞬间几分撞击、几分摩擦，接着，球的旋转方式，球的飞行轨迹，碰撞在桌面哪一点……当你能完美模拟成功，往往就会发现实际上场打球时会提高效率。

以上是发球的微观部分，你也可以宏观地观想一整场球赛的攻防策略，实际模拟各种状况，设定各种战术。

目前世界一流的运动员都会采用这种想象模拟训练来提高实力，它的价值，有时比实际场上训练更高。

在心中把一件事情从头到尾模拟完毕，这种修炼，不仅能帮助你提升记忆力，其实还能帮你培养多种能力。

第四个修炼：以觉知之心随时回顾，自己真正懂得什么了。

这个修炼特别针对读书、学习之时。

很多人会有这种经验，一本书读完之后，几天过去，还依稀记得一些；一年之后，书中内容犹如春梦了无痕迹，连一点渣都不剩了。

会发生这种情况，是因为读那本书的时候，是以机械性状态进行的，而不是以觉知之心。

人有两种模式面对人生。

以开车为例，一种是觉知模式，你专心开车，心无旁骛；另一种是机械性模式，一边开车一边唱歌，或一边开车一边聊天，你内建的机械化运作系统也可以帮你把车开回家，但是路上风景会变模糊，甚至完全没印象，如果有什么意外需要紧急处理时，往往反应不及。

同样，读书也有觉知模式与机械性模式之分。

机械性模式读书，就是一路往下看，一直看到完，信息经由眼睛进入大脑，然后跑去哪里了就看运气与人品。

觉知模式读书，则是每看完一个段落、一个章节，就暂停闭上眼睛，做个深呼吸，让内心一片清明！然后询问自己：这个段落的重点是什么？这个章节要表达什么？

就这样在心里自问自答，搞清楚了，再继续往下阅读。

如果有模糊、不清或回答不出来，就睁开眼睛快速浏览一下，找到重点，再次阅读，直到你的心吸收了内容重点为止。

这种觉知模式阅读，能够帮助你抓住一本书的精华，并且与你之前所学进行有意义的整合。

这样一来，你必然能记住本书精要。

除了读书学习之外，这个修炼还有许多应用之道。

例如，与家人朋友出去旅游，可以在返程时与亲友回顾一下，此行有哪些精彩的、有趣的经历，这样回顾之后，这趟旅行就会更深刻地记忆在心底。

例如看完一部电影，在心中回忆剧情。

例如谈完一场恋爱，把伊始的浪漫到最后的分离认真回顾一遍。

这会帮助你对这部电影、这场恋爱有更深刻的认识。

看了一部电影总要有所收获，谈完一场恋爱总要有所成长啊。

生命旅程中，随时暂停，以觉知之心回顾一下，最近这一阶段，自己懂得了什么，领悟了什么，何尝不是一种重要的修炼呢！

PS：要阅读一本好书，充分吸收精华，如果按照这5个步骤来做，一定效果非凡：1. 快速浏览一遍。2. 精读。3. 回想重点精华。4. 写笔记，摘录重点。5. 把本书重点讲给别人听，或者想象前方坐着虚拟对象，讲给他听，或者自言自语也无妨。

之三

最近，我在北京有一场为期4天的催眠课程，学员45位。第二天，我就把大家的名字都记住了。因为我认为授课老师有义务记住学员的名字，这样，我才能在授课过程中，无论是举手发问的学员，还是邀请上来接受催眠示范的学员，随口叫出他们的名字，让学员感受到我对他们的尊重、我对教学的认真态度。

同学们会惊喜地对我说："老师，你的记忆力真好！"

我开玩笑说："老师是教授催眠的啊，当然记忆力要好，才能以身作则。"

其实，我的记忆力跟一般人一样，并没有特别好。

能把全部同学的名字都记住，是靠努力完成的。

有一年教过一个大班，学员共计130位，我也是努力在上课第二天把所有人的名字都记住了，所以，相比之下，只记住区区45位学员算是小任务。

当然，努力也是要有方法的，我就把方法简单介绍一下。

第一步，收集记忆内容。

记忆人名，无非是把脸孔与名字结合在一块儿。

在课堂与同学互动时，脸孔就在你的眼前，所以，并不必刻意记住脸孔，这是现成的素材。

重点是，看见脸孔时，名字要能自动浮现。

所以，要先把名字与脸孔都收集起来，然后，努力记住名字，并与脸孔正确联结起来。

拜现代科技之赐，智能手机人手一部，随时可以拍照、上传、分享。好几年前，我就开始把智能手机当作教学工具，善用这个高科技通信产品。

课程一开始，先建立一个群组，把所有同学都拉进来。

接着帮同学们分组，形成一个个学习互助小组，彼此认识，选出组长来，并且要求他们迅速记住组员的名字。通常一个小组只有 4~6 人，这个要求很容易达成，所以同学们都会欣然接受。

等同学彼此熟悉了，再布置一个任务，请他们拍一张小组合照，要有点创意，别搞排排站那一套，这样可以调动同学们的积极性，创造乐趣。

拍照好之后，再请组长把小组合照上传到群组，并且附上组长与组员的名字。

于是，大约在上课第一天中午，我就收集好了同学们的照片与名字。

第二步，把照片与姓名变成一个档案。

我会利用下课休息时间，把同学们的照片分割出来，用他们的姓名当作文件名。

大约到了第一天傍晚下课时，我的计算机里就有了 45 张照片档，每个档案都显示了学员的名字。

到此，要记忆的素材准备完毕，接下来就要进行记忆编码了。

第三步，打开计算机，轮流看学员的照片，看看自己能不能一看到照片脑海中就浮现同学的名字。

通常上完一天课程时，大概 1/3 的学员已经可以自然记起来了，不用多费力气。

这种容易记得的学员，大致会有以下特色：

其一，主动积极，常常发问，勤于回馈，勇于举手接受催眠示范，自然会让授课老师印象深刻。

其二，勇于任事，志愿担任组长、班长，所以就会跟老师互动较多，加深印象。

其三，有其特殊之处，让人印象深刻。例如特别高、特别壮、特别帅、特别漂亮、打扮与众不同、职业特殊等。

其四，父母给他取了一个独特鲜明的名字。例如白玉、王一帆、史向前，特别易记。

以上这些已经自然记得的学员，只要多看几次，心里反复浮现几次姓名之后，记忆就会非常牢固。

第四步，根据名字，学员的气质、长相、职业等特征，来创造一个有意义的联结。

这时，最好能进入催眠状态来进行。

在催眠状态下，意识会更清晰，创意会更棒，让人更容易找到名字的记忆线索。

我会先闭上眼睛，做几个深呼吸，心息相依，调身调息调心完毕，感觉自己的心变得像一面明亮干净的镜子，然后开始看名字编故事。

例如王梦瑜，这是一位气质娴静的美女，比较安静少言，当我看她照片时，就在心里联想着“美丽的女王梦见一条鱼”，而且这条鱼的额头上，就像虎王一样有一个“王”字，“王梦瑜”这三个字的形象就生动活泼了。

例如刘克俭，这是一位温和谦虚谨慎的男士，当我确定他的名字是“克勤克俭”的克俭时，我就把他编码成“克勤克俭的刘备”，就有了一个钩子可以把他的名字从脑海里提取出来。

例如李见波，这是一位肢体灵活、活泼开朗的小帅哥，戴着无边框眼镜，我就把他联想成“一尾动感的戴着眼镜的鲤鱼跳出水面看见波浪”这幅画面。

例如杨连国，这是一位总是笑眯眯的气质沉稳的男人，说话不多，坐在后排，有着不与人争的出尘味道。看着他的照片，我就把他的名字谐音成“羊脸果”，并赋予“一种长着羊脸的微笑的水果”这样的画面。

例如李文辉，这是一位身材高挑的女孩，比我还高，经常跑来找我问问题，笑起来很爽朗。我就把她的名字编码成“身材高挑到九头身的歌手李玟背后发出万道光辉”这个形象。

大陆学员的姓名有一个特色，单名的比例比台湾高很多，像单名为红、东、军、伟、丹、芳、艳、萍等，虽然是单名，有时反而不好记忆，这时也可以稍微加工一下。

例如李丹，这是一位长相神似范冰冰的漂亮姑娘，皮肤白皙，眼睛大大的、水汪汪的，我就把她的名字转译成“一颗红色的李子”这幅图像，李子上还镌刻了“丹”字。

例如栗军，是一位头脑清晰、发言特别有内容的学员，光头造型，高大帅气，辨识度很高，所以我只要在心里以谐音法把他的名字转化为“丽君”，产生高度反差的趣味，就意象鲜明了。

例如韩东，是一位性格爽朗、主动积极的学员，催眠敏感度特别好，第一天就参与了上台接受催眠示范的重头戏。也是光头造型，而且，明显的特征是，头还蛮大的。所以我看着他的照片时，把“韩东”编码成“寒冬里一个大冬瓜”的图像，这个名字就在我的大脑皮质里入木三分了。

只要你开始用心了，以觉知之心来创造一个有意义的联结，名字就会变成一幅有趣的画作，在心中发出光芒了。

第五步，反复背诵。

但还是有些名字一时找不到有意义的联结，这时该怎么办？没关系，用笨功夫，反复背诵。

看着照片，脑海没有浮现名字……没关系，看一下文件名，噢，张苒！

好的，再看一次照片，心中默念“张苒”“张苒”“张苒”“张苒”“张苒”“张苒”“张苒”，念 7 遍。

如果你大声把名字读出来，效果也是很棒的。

念完 7 遍之后，暂时搁下，接着去看其他学员照片，继续记忆其他人的名字。过了一会儿，再回头来重看张苒的照片，这次，你就会发现，看见照片的一瞬间，“张苒”这个名字就浮现了！

像这种已经自动浮现名字的照片，所需要做的就是多温习几次，让这个记忆加固即可。

万一还是没有浮现“张苒”二字，没关系，继续下功夫反复背诵，再默念 7 遍、14 遍，一定会记住。

第六步，确认无误。反复看同学照片，直到全部姓名都记得了，能做到一看到照片就立刻浮现名字。

第七步，这是最后一步了，在课堂上多喊同学的名字！

我授课喜欢与同学互动，既欢迎同学提问，也常常主动问同学问题。

为了加深同学的学习效果，我常常在讲完一段重要的内容之后，就指名某位同学来回答刚刚的重点是什么，这样我也获得了反复练习叫学员名字的机会，从而记得更牢。

有时候呢，难免也会踩到地雷，把同学的名字说错了！

这时，也不用怕喊错名字尴尬，只要让同学知道，我的意愿是想要记住全班同学的名字，同学都会乐于指正我的错误，帮助我记得更准确。

鄙人认为，勇于尝试错误，也是一种本事啊！在错误中印象会更为刻骨铭心，反而能把同学的名字记得更牢靠。

电影《催眠大师》的治疗重点

《催眠大师》是一部好电影，我认为在中国电影史上它会占有一席之地。

电影剧情大致如下：

催眠师徐瑞宁，因为酒醉驾车出了车祸，导致车上两名乘客——他的女友陈婷死了，他的好友骆雨淞也死了。陈婷的家人不肯原谅他，骆雨淞的女友顾洁也不肯原谅他。

事发一年之后，他以高超的催眠技术进行了自我催眠，忘掉了这件事，忘掉两名死者，忘掉痛苦，得以苟活下去。

但是遗忘不代表没事，潜意识仍然以梦游、自残来提醒他，你有一件事情还没解决。

事发第八年，徐瑞宁父母觉察到不对劲了，拜访徐瑞宁的老师方教授请求协助，方教授召集了沈立、顾洁、助理 Amy，联手布局。

顾洁扮演患者任小妍前来求治，伺机反催眠徐瑞宁，让他打开封印的记忆，并且通过装神弄鬼，取得徐瑞宁的信任，让他终于相信——那两名死者已经原谅他了。于是，获得原谅的催眠大师徐瑞宁，身心得以安顿，他的世界终于天清地宁了。

电影错综复杂的剧情，浓缩成一句话就是："直到获得宽恕，罪人才能从黑转白，展开新生活。"

原谅与宽恕，是电影《催眠大师》的主旨，华丽的催眠与反催眠的斗法过程，只是精美的电影包装。

身为催眠大师的徐瑞宁，没有运用催眠来治疗自己，让自己变好，却只是催眠自己遗忘痛苦，确实是辜负了"催眠大师"这四个字。但我们尊重剧情的设定，若非如此，就没有后面的戏码了。

现在我们把时间点拉回到酒醉肇事之后的那一年内，如果你是徐瑞宁的治疗师，你会怎么做呢？

电影中，丧礼过后，滂沱大雨的夜里，全身湿透了的徐瑞宁跪在地上，恳求原谅，陈婷的家人犹如触电般闪开，顾洁则撑着伞，居高俯下，两人无言互视良久，终于顾洁转身离去。

这说明了一个根本现实：很多事情是需要时间来改变的，从悲愤、痛恨，到平淡、宽恕，是一条漫长的路。

一个做错事的人以真诚之心向被害者、家属道歉是好事，但如果冀望获得即刻原谅，却是过度一厢情愿了。

徐瑞宁需要认清事实：自己就是一个酒驾肇事者！肇事者要尊重被害一方有恨、怨、怒、责等种种情绪，接受这个事实：因为我肇事了，所以他们怪我！而且，他们也许会怪我一辈子。

受害者家属需要一段时间来慢慢卸下心里的负面情绪。同样地，身为肇事者的徐瑞宁，也要接受自己内心充满罪恶感、愧疚感一段时间，这对他也是有好处的。至于这段时间需要多久，是长是短，就要看内在、外在条件的配合了。

罪恶感、愧疚感的好处是什么呢？

让他深刻认识到酒醉驾驶是多么危险。

很多时候，人们自大，自以为是，自以为能掌控一切，听不进别人善意的劝告，这时候，命运就会祭出雷霆一击，给他一个永恒的教训。

可惜徐瑞宁选择了逃避痛苦，让自己遁入了遗忘的宫殿里，以至于电影一开始，他依然是那个自大自负的性格，看似讨打，其实只是掩藏脆弱的面具罢了。

电影《催眠大师》的剧情里有一个很薄弱的点，就是徐瑞宁并没有表现出对酒驾肇事的深刻反省，或许导演担心把电影拍成了酒驾危害宣传片吧。

缺乏了深刻反省自己的错误，道歉认错就变得很肤浅了。

现在我们根据剧情的设定，试问，丧礼过后，下跪无法取得对方的原谅，徐瑞宁就只能活在痛苦中吗？

别人不原谅你，你就只能活在痛苦中出不来吗？

答案当然不是，否则世界上做错事的人，其实是每一个人，都不用活了。

只要问题存在，就一定有解决之道。

就算没有寻求协助、治疗，一个具备正常心智的人，只要有心，也能找到一条出路。

做错事的人，总有赎罪之道。

赎罪之道的第一步，是真诚地承认错误。

在宗教上，表现为忏悔、认罪。

在催眠治疗时，当一个人在催眠状态里真心认错，往往会进入一种良心显现的状态，接通了超越自我面具的更深的真我。

当良心显现状态出现时，真心认错的人自然会得到一股更高能量的洗涤，在神圣的氛围中，净化了他的罪恶感。

催眠治疗本身无宗教性质，同样的事情发生在宗教仪式里，可能就会披上神恩、佛力加倍的外衣。

真诚地承认错误，可以让人放下自我，松开我执，连接到更高的力量。

每个人的内在深处，存在着高等智慧与高等能量，一旦卸下了“都是别人的错”的自我面具，在催眠引导下，接通真我，就有可能让内在大能现身治疗。

真诚认错之后，第二步就是开始付诸行动来赎罪。

赎罪，最简单的定义，是去做一些能够抵消罪过的事情。

例如，持续向受害者家属致歉，并且主动寻找能为他们做些什么事情。

例如，加入宣传酒驾危害的公益团体，成为积极奉献的义工。

例如，身为催眠师的徐瑞宁，可以从事社会慈善活动，义务治疗车祸受害者家属的心理创伤。

例如，将自己的金钱、收入、财产的一部分，捐赠为慈善、公益之用。

台湾的民间信仰中，也隐藏了具有心理治疗力量的赎罪仪式。

嘉义城隍庙有一个“城隍夜巡”活动，做错事想忏悔的人就会在这个活动里，戴着四方形纸枷，跟着神轿走完全程回到庙里，再由法师引领，净身、脱枷，将纸枷火化，罪恶就随纸枷消失，完成了心理治疗，获得重生。

屏东的东港东隆宫更有一个全台湾独一无二的“鞭打改运仪式”，信徒必须先掷筊，请“温王爷”赐打，获准之后，再掷筊决定该打几下。成年人从100起跳，每掷筊一次增加20下。只见庙前大排长龙，一个个男信徒趴在地上任由班头持杖打屁股，女性则是跪地以鞭条鞭打手掌心。信众们挨完一顿鞭打后，还会说谢谢，有的还包红包感激神明赐打。妙的是，打完之后，获得神明赎罪了，信众会感觉到身心舒爽！

赎罪的形式千千万万，只要有意愿，一定会找到适合自己也能做得到的方法。

当一个犯错的人真诚认错，又付诸行动来赎罪，自然就会走上疗愈之路。

回到本部分一开始的提问，如果你是徐瑞宁的治疗师，连被害者家属都不肯原谅他，你要如何治疗他呢？

很多问题，在普通心智下是无解的，必须进入高等心智才能获得答案，找到解缚之道。

就像一般人读佛经是无法开悟的，因为那是普通意识状态下的阅读，无法引出大智慧。想要开悟，就要进入高等意识状态。

同样，在现实世界得不到宽恕，我们就到超越世间的层次进行吧！

借用赛斯数据的理论架构，这个世界的存在可以区分为架构一、架构二。

物质的世界，看得见的世界，是架构一。

作为架构一的幕后支撑，那广大的看不见的世界，是架构二。

架构一的世界，就好像电视屏幕里播放出来的节目。这个节目，是由看不见的舞台、灯光、摄影机、编剧、导演等无数人力、物力制作出来的。架构一很小，架构二很大。当你看见这个节目时，你就会知道，架构二就像沉没在水里的看不见的冰山本体，因为它的存在，冰山尖端才会浮出水面被我们看见。

意识层面的世界，是架构一；潜意识的世界，是架构二。

物质的世界，是架构一；灵性的世界，是架构二。

活着的世界，是架构一；生前死后的世界，是架构二。

架构一与架构二整合在一起，才构成完整的世界。

古人说："谋事在人，成事在天。"就说明了一件事情之所以得以圆满，其实是架构一与架构二通力合作而成的。

当远方的亲友生病了，你无法实时去到他身边探病，架构一的空间障碍，可以借由架构二来超越，你可以进入催眠状态，在心灵世界里想象一道温暖、抚慰的光送给他。

所以呢，架构一的世界得不到宽恕，我们就到架构二中去获得宽恕吧。

架构二是一个远比架构一隐藏着更大力量的世界。

内心的愧疚感，尤其出了人命，可说是一种强烈的负面情绪，所以，我们要引导徐瑞宁在催眠中释放这种强烈情绪，并且获得宽恕。

催眠，可以帮助我们引领人们从架构一的世界进入架构二的世界。

首先，引导徐瑞宁进入催眠状态。

像这种已经精通催眠的人，你甚至不需要说太多引导词，只要跟他说："现在，麻烦你，用你最喜欢的方式，让自己进入催眠状态，当你感觉进入状态了，就'嗯'一声通知我。"

然后，耐心等候，很快地，徐瑞宁就会"嗯"一声给你信号了。

接着，引导他："现在当我从 1 数到 3，陈婷、骆雨淞会在你的面前出现……"

这种等级的催眠状态，生者可与死者对话，属于廖氏内在觉知七种催眠深度的第四种，可以进行内在对话。

合理地估计，当他在心灵世界里看到陈婷、骆雨凇，他的情绪会喷涌而出，会有强烈的情绪释放，他可能会大哭、大吼、捶胸顿足，高喊着请求原谅的话语。

这时，催眠师就耐心等候他释放情绪。

也许半小时，也许一小时，等到情绪释放得差不多了，人比较不激动了，询问他："在这场车祸中，你做错了什么？请你无情地检查自己。"

他必须把自己的自大、自负、以为一切都在掌控中的轻忽态度进行深刻反省。让他一边检讨，一边说给陈婷、骆雨凇两个人听。

等到他说清楚了自己犯的错误之后，询问他："看看陈婷、骆雨凇，他们现在的表情是怎么样的呢？"

在架构二的世界里，万物同源，众生一体，没有仇恨，唯有慈悲与无条件的爱。当徐瑞宁已经坦诚交代了自己的过错后，对于真心忏悔者，老天一定会宽宏大量的。

如果回答是："他们平静地看着我，面带微笑。"那就表示释放情绪与忏悔认错可以告一段落了。反之，如果回答是："他们冷冷地看着我……"就代表释放情绪与认错还不够充分，可以在下一阶段继续加强。

接下来可以引导徐瑞宁与陈婷、骆雨凇对话了。

请徐瑞宁把他心中想对他们说的话，当着催眠师的面说出来。把他的思念、愧疚、懊悔都说出来。说完，问他："当你这样说之后，陈婷要对你说什么？"

就这样，引导双方对谈，直到与骆雨凇的对话也告一段落。

在这对话过程中，只要徐瑞宁把他的愧疚感、罪恶感全部说出来了，他一定会从陈婷、骆雨凇那儿得到"我们原谅你了！请你也要好好活下去"这句他最渴望听到的话。

正如同小说里结尾之时，顾洁对徐瑞宁说的："活着……不是你的错。没有人能原谅你，除了你自己。”

催眠可以创造一个心灵舞台，引导徐瑞宁在架构二的世界里原谅自己。

从表象看，外人也可以说：“这只是徐瑞宁在虚拟的内在世界里自言自语，这样就可以获得治疗吗？”

也许这是宇宙最神奇的地方吧，看似虚拟的架构二的运作，其实比看似实际的架构一更为真实。

当徐瑞宁在催眠治疗中获得原谅之后，他的下一步，将是在现实生活中，以没有愧疚感、罪恶感的干净、澄明的心灵，同时进行赎罪与重生。

这时候，你可能还会发现一件神奇的事情。

一旦徐瑞宁在架构二的世界里获得原谅，他的愧疚感、罪恶感得以释放了，架构二的改变也会影响到架构一的现实世界。

有一股改变的能量会进入“陈婷的家属、骆雨凇的女朋友顾洁”的潜意识，再慢慢浮现于他们的意识层面，他们会发现，自己更有情感能量来卸下犹如包覆铁甲的心，愿意用柔软的心，来原谅、宽恕、接纳徐瑞宁了。

跋　一切都是最好的安排

从前有一个国家，地不大，人不多，但是人民过着悠闲快乐的生活，因为他们有一位不喜欢做事的国王和一位不喜欢做官的宰相。

国王没有什么不良嗜好，除了打猎以外，最喜欢与宰相微服私访民间。

宰相除了处理国务以外，就是陪着国王下乡巡视，如果是他一个人的话，他最喜欢研究宇宙人生的真理，他最常挂在嘴边的一句话就是："一切都是最好的安排。"

有一次，国王兴高采烈地到大草原打猎，随从们带着数十条猎犬，声势浩大。

国王的身体保养得非常好，筋骨结实，而且肌肤泛光，看起来就有一国之君的气派。随从看见国王骑在马上，威风凛凛地追逐一头花豹，都不禁赞叹国王勇武过人！

花豹奋力逃命，国王紧追不舍，一直追到花豹的速度减慢时，国王才从容不迫地弯弓搭箭，瞄准花豹，嗖的一声，利箭像闪电般，一眨眼就飞过草原，不偏不倚地钻入花豹的颈子，花豹惨嘶一声，扑倒在地。

国王很开心，他眼看花豹躺在地上许久都毫无动静，一时失去戒心，居然在随从尚未赶上时，就下马检视花豹。

谁想到，花豹就是在等待这一瞬间，使出最后的力气突然跳起来向国王扑过来。

国王一愣，看见花豹张开血盆大口咬来，他下意识地闪了一下，心想：

“完了！”

还好，随从及时赶来，立刻发箭射入花豹的咽喉，国王觉得小指一凉，花豹就闷声跌在地上，这次真的死了。

随从忐忑不安地走上来询问国王是否无恙，国王看看手，小指头被花豹咬掉小半截，血流不止，随行的御医立刻上前包扎。虽然伤势不算严重，但国王的兴致被破坏光了。本来国王还想找人来责骂一番，可是想想这次只怪自己冒失，还能怪谁，所以闷不吭声，大伙儿就黯然回宫去了。

回宫以后，国王越想越不痛快，就找了宰相来饮酒解愁。

宰相知道了这事后，一边举酒敬国王，一边微笑说：“大王啊！少了一小块肉总比少了一条命来得好吧！想开一点，一切都是最好的安排！”

国王一听，憋了半天的不快终于找到了宣泄的机会。他凝视宰相说：“嘿！你真是大胆！你真的认为一切都是最好的安排吗？”

宰相发觉国王十分愤怒，却也毫不在意地说：“大王，真的，如果我们能够超越‘我执’，确确实实，一切都是最好的安排！”

国王说：“如果寡人把你关进监狱，这也是最好的安排？”

宰相微笑说：“如果是这样，我也深信这是最好的安排。”

国王说：“如果寡人吩咐侍卫把你拖出去砍了，这也是最好的安排？”

宰相依然微笑，仿佛国王在说一件与他毫不相干的事。

“如果是这样，我也深信这是最好的安排。”

国王勃然大怒，大手用力一拍，两名侍卫立刻近前，国王说：“你们马上把宰相抓出去斩了！”

侍卫愣住，一时不知如何反应。

国王说：“还不快点，等什么？”

侍卫如梦初醒，上前架起宰相，就往门外走去。

国王忽然有点后悔，大叫一声说：“慢着，先抓去关起来！”

宰相回头对他一笑，说：“这也是最好的安排！”

国王大手一挥，两名侍卫就架着宰相走出去了。

过了一个月，国王养好伤，打算像以前一样找宰相一块儿微服私巡，可是想到是自己亲口下令把他关入监狱里的，一时也放不下身段释放宰相，叹了口气，就独自出游了。

走着走着，来到一个偏远的山林，忽然从山上冲下一队脸上涂着红黄油彩的蛮人，三两下就把他五花大绑，带回高山上。

国王这时联想到今天正是满月，这一带有一支原始部落每逢月圆之日就会下山寻找祭祀满月女神的牺牲品。

他叹息一声，这下子真的是没救了。心里很想对蛮人说：“我乃这里的国王，放了我，我就赏赐你们金山银海！”可是嘴巴已被破布塞住，什么话也说不出口。

当他看见自己被带到一口比人还高的大锅前，柴火正熊熊燃烧，更是脸色惨白。

大祭司现身，当众脱光国王的衣服，露出他细皮嫩肉的龙体。大祭司啧啧称奇，想不到现在还能找到这么完美无瑕的牲品！

原来，今天要祭祀的满月女神，正是“完美”的象征，所以，祭祀的牲品丑一点、黑一点、矮一点都没有关系，就是不能残缺。

就在这时，大祭司终于发现国王的左手小指头少了小半截，他忍不住咬牙切齿地咒骂了半天，忍痛下令说：“把这个废物赶走，另外再找一个！”

脱困的国王大喜若狂，飞奔回宫，立刻叫人释放宰相，在御花园设宴，为自己保住一命，也为宰相重获自由而庆祝。

国王一边向宰相敬酒一边说：“爱卿啊！你说得真是一点也不错，果然，一切都是最好的安排！如果不是被花豹咬一口，我今天连命都没了。”

宰相回敬国王，微笑说：“贺喜大王对人生的体验又更上一层楼了。”

过了一会儿，国王心念一动，问宰相说：“寡人躲过一劫，固然是‘一切都是最好的安排’，可是你无缘无故地在监狱里蹲了一个月，这又怎么说呢？”

宰相慢条斯理地喝下一口酒，才说：“大王！您将我关在监狱里，确实也是最好的安排啊！”

他饶有深意地看了国王一眼，举杯说：“您想想看，如果不是我在监狱里，那么陪伴您微服私巡的人，不是我，还会有谁呢？等到蛮人发现您不适合拿来祭祀满月女神时，那么，谁会被丢进大锅中烹煮呢？不是我，还会有谁呢？所以，我要为大王将我关进监狱而向您敬酒，您也救了我一命啊！”

国王忍不住哈哈大笑，朗声说：“干杯吧！果然没错，一切都是最好的安排！”

作者按：

《一切都是最好的安排》是我1990年撰写的，收录在1996年出版的散文集《换个心情过日子》，多年来，不知不觉间居然也传播甚广，以至于常常有网友将这个故事转到我的邮箱来，令我十分快慰。

这是我非常喜爱的故事，蕴含多重意义，多年来的生命体验都统合在这儿了，无论是命运起伏、处世做人、灵修、宇宙真理，还是心理治疗、催眠治疗等各种层面。

“一切都是最好的安排”，这句话也成了我贯彻一切的秘密心法。

从“塞翁失马，焉知非福”，到大圆满境界，尽在其中矣。

图书在版编目（CIP）数据

神奇的催眠术 / 廖阅鹏著.—北京：中国友谊出版公司，2017.5

ISBN 978-7-5057-4021-1

Ⅰ. ①神… Ⅱ. ①廖… Ⅲ. ①催眠术－通俗读物 Ⅳ. ①B841.4-49

中国版本图书馆CIP数据核字（2017）第081598号

书名 神奇的催眠术
作者 廖阅鹏
出版 中国友谊出版公司
发行 中国友谊出版公司
经销 新华书店
印刷 河北鹏润印刷有限公司
规格 700×980毫米 16开
17.25印张 240千字
版次 2017年6月第1版
印次 2017年6月第1次印刷
书号 ISBN 978-7-5057-4021-1
定价 42.00元
地址 北京市朝阳区西坝河南里17号楼
邮编 100028
电话 （010）64668676

如发现图书质量问题，可联系调换。质量投诉电话：010-82069336